国家自然科学基金(42071312)
国家科技基础条件平台中心项目(2019QZKK0806) 资助
国家科技支撑计划(2015BA05B05)
中国科学院"西部之光人才计划"(Y32301101A)

金属矿产资源遥感

JINSHU KUANGCHAN ZIYUAN YAOGAN

王钦军　陈　玉　刘庆杰　蔺启忠　编著
刘　苗　黄　彰　谢静静

图书在版编目(CIP)数据

金属矿产资源遥感/王钦军等编著. —武汉:中国地质大学出版社,2024.9.
—ISBN 978-7-5625-5968-9
Ⅰ.P578
中国国家版本馆 CIP 数据核字第 2024Y0P236 号

金属矿产资源遥感	王钦军　陈　玉　刘庆杰　蔺启忠	编著
	刘　苗　黄　彰　谢静静	

责任编辑:周　旭	选题策划:易　帆	责任校对:何澍语

出版发行:中国地质大学出版社(武汉市洪山区鲁磨路388号)　　邮编:430074
电　　话:(027)67883511　　传　　真:(027)67883580　　E-mail:cbb@cug.edu.cn
经　　销:全国新华书店　　　　　　　　　　　　　　　　　　http://cugp.cug.edu.cn

开本:787mm×960mm　1/16　　　　　　字数:162千字　　印张:8.25
版次:2024年9月第1版　　　　　　　　　印次:2024年9月第1次印刷
印刷:武汉邮科印务有限公司
ISBN 978-7-5625-5968-9　　　　　　　　　　　　　　　　　定价:58.00元

如有印装质量问题请与印刷厂联系调换

前　言

矿产资源是指由地质作用形成的，呈固态、液态、气态的，具有利用价值的自然资源。根据《矿产资源法》实施细则，矿产一般分为金属矿产、非金属矿产、能源矿产和水气矿产。它提供了95％以上的一次性能源和80％以上的工业原料，是人类生产和生活资料的基本源泉，是国民经济和社会可持续发展的物质保证。

金属矿产是指可从中提取某种供工业利用的金属元素或化合物的矿产资源，主要包括黑色金属矿产(如铁矿和锰矿)、有色金属矿产(如铜矿和锌矿)、轻金属矿产(如铝镁矿)、贵金属矿产(如金矿和银矿)、稀有金属矿产(如锂矿和铍矿)、稀土金属矿产、分散金属矿产等。《2023年中国自然资源公报》显示，截至2022年末，全国已发现矿产资源173种，其中金属矿产59种。

随着社会经济，尤其是汽车工业经济的稳步发展，金属矿产资源的总体需求在未来一段时间内仍呈现增长趋势，国内供应压力加大、部分矿产品供应短缺的局面不会改变。因此，新时期国家必须加大地质矿产勘查与找矿技术研究，才能够满足经济发展与社会建设对金属矿产资源的需求。

金属矿产资源遥感是一门以金属矿产资源的勘探、开发、利用、规划、管理和保护为主要内容的遥感学科。它是一门通过遥感技术对工作区的控矿要素、找矿标志及矿床的成矿规律进行归纳总结分析，并从中提取矿化信息而达到找矿目的的学科，具有宏观、多波段、立体感强、地形、地貌信息反映明显等优势，在人员难以到达的高寒、高海拔和无人区等地发挥着至关重要的作用。

当前，有关金属矿产资源遥感方面的文献很多，但不够全面和系统，亟需对其进行整理，系统服务读者。为及时梳理金属矿产资源遥感的进展，科学、有效地服务金属矿产资源可持续发展工作，笔者结合多年来在国家级、部委级等项目中的最新研究成果和切身体会，特写本书，以期在推动金属矿产资源遥感学科发展、提高金属矿产资源勘查效率等方面产生积极作用。

根据金属矿产资源遥感的研究对象及其研究内容,本书分为绪论、金属矿产资源遥感的基本原理、金属矿产资源遥感探测技术、金属矿产资源多尺度遥感找矿模型和典型案例5个章节。第一章"绪论"主要由王钦军(中国科学院空天信息创新研究院研究员,同时也是中国科学院大学岗位教师)、刘苗和黄彰撰写,介绍了我国金属矿产资源现状以及金属矿产资源遥感技术国内外研究现状。第二章"金属矿产资源遥感的基本原理"主要由王钦军撰写,介绍了矿产资源的分类以及金属矿产资源遥感的物理基础、金属矿产资源光学、雷达遥感的原理与特点、多源数据融合等。第三章"金属矿产资源遥感探测技术"主要由王钦军、刘庆杰、刘苗和谢静静撰写,介绍了遥感数据的获取、处理与遥感示矿信息提取的技术。第四章"金属矿产资源多尺度遥感找矿模型"主要由王钦军和黄彰撰写,介绍了遥感找矿模型的基本原理与技术流程。第五章"典型案例"主要由王钦军、陈玉和蔺启忠撰写,基于国家级和部委级金属矿产资源遥感调查项目的研究成果,从新疆西准噶尔—环巴尔喀什斑岩型铜矿遥感和新疆阿尔金热液蚀变型铜(金)矿遥感等方面,介绍了金属矿产资源遥感在不同领域的典型应用案例。

在本书编著过程中,得到了中国科学院空天信息创新研究院郭华东院士、北京大学陈衍景教授、中国科学院空天信息创新研究院荆林海研究员和丁海峰老师的热忱指导和帮助,在此深表谢忱!

本书的相关研究内容得到了国家自然科学基金(42071312)、国家科技基础条件平台中心项目(2019QZKK0806)、国家科技支撑计划(2015BAB05B05)、中国科学院"西部之光人才计划"(Y32301101A)等项目的资助,在此一并表示感谢!

金属矿产资源遥感是一门不断发展的学科,涉及遥感平台、数据获取、数据处理、示矿信息提取、靶区圈定等多个环节,随着新科技的出现,将不断有新理念、新知识补充进来。由于时间紧迫,加之作者水平有限,书中难免出现疏漏和错误,敬请广大读者批评指正。

编 者

2024年4月

目 录

第1章 绪 论 ··· (1)
    1.1 我国金属矿产资源现状 ··· (1)
    1.2 金属矿产资源遥感技术国内外研究现状 ······························ (2)

第2章 金属矿产资源遥感的基本原理 ·· (19)
    2.1 矿产资源分类 ·· (19)
    2.2 金属矿产资源遥感 ·· (21)

第3章 金属矿产资源遥感探测技术 ·· (38)
    3.1 金属矿产资源遥感数据获取与处理技术 ······························ (38)
    3.2 金属矿产资源遥感示矿信息提取技术 ·································· (43)

第4章 金属矿产资源多尺度遥感找矿模型 ···································· (71)
    4.1 金属矿产资源多尺度遥感找矿模型 ····································· (71)
    4.2 金属矿产资源遥感找矿技术流程 ·· (73)

第5章 典型案例 ·· (88)
    5.1 新疆西准噶尔—环巴尔喀什斑岩型铜矿遥感 ························· (88)
    5.2 新疆北阿尔金热液蚀变型铜(金)矿遥感 ································ (95)

主要参考文献 ··· (108)

第1章 绪 论

新中国成立以来,矿产资源开发利用取得了巨大成就,我国已成为世界第一大矿产品生产国、消费国和贸易国,矿业在世界上的影响力稳步提升。我国的一次能源、煤炭、铁矿石、有色金属、稀土、黄金、水泥、磷矿石等重要矿产品产量居世界首位。新中国成立后,为满足国民经济发展的需要,矿业投资和开发力度不断加大,矿产资源开发和利用效率不断提高。新中国成立前,保留比较完整的矿山仅 300 座,而截至 2018 年全国已建成非油气矿山 5.86 万座,增长了 190 多倍(郭娟等,2019)。

随着社会经济的稳步发展,人们对金属矿产资源的需求将日益提高。传统的采矿技术和勘探模式已经适应不了目前阶段的生产需求。因此,新时期只有加大地质矿产勘查与找矿技术研究,才能够满足经济发展与社会建设对矿产资源的需求。

金属矿产资源遥感是一门以金属矿产资源的勘探、开发、利用、规划、管理和保护为主要内容的遥感学科。它是一门通过遥感技术对工作区的控矿要素、找矿标志及矿床的成矿规律进行归纳总结分析,并从中提取矿化信息而达到找矿目的的学科。金属矿产资源遥感在找矿工作中具有宏观、多波段、立体感强,以及地形、地貌信息反映明显等优势,便于定位、易于识别构造,形成了"线、带、环、色、块"的解译、分析模式,出现了根据光谱诊断性吸收峰进行矿物识别、矿化弱信息增强与提取等一系列技术,在人员难以到达的高寒、高海拔和无人区等地发挥着至关重要的作用。

随着地质找矿工作逐步向地下深入,金属矿产资源遥感技术也逐步发展壮大,以解决盲矿和深部找矿过程中所遇到的难题。

1.1 我国金属矿产资源现状

我国金属矿产资源种类多样、储量丰富。截至 2019 年底,全国已发现 173

种矿产。其中,金属矿产 59 种。2019 年,我国铅矿、锌矿、铝土矿、钼矿、银矿等金属矿产资源储量增长比较明显(中华人民共和国自然资源部,2020)。

虽然我国金属矿产资源相对丰富,但高强度的开发使得我国大部分金属矿产资源供需形势较为严峻。如表 1.1 所示,按供需关系统计的 43 种矿产中,国内供应小于需求的矿产有 21 种,其中铁矿、锰矿、铬矿、铜矿、铝土矿、铂族金属等较为短缺,供应十分紧张;其余 22 种矿产国内供应可以满足我国经济发展的需求(郭娟等,2019)。

表 1.1　我国主要矿产品供需状况表(据郭娟等,2019 修改)

供需状况	矿产品
供应小于需求(21 种)	石油、天然气、铁、锰、铬、钛、铜、铅、锌、铝土、镍、钴、锡、金、铂族金属、锂、锶、硫、钾盐、硼、金刚石
供应大于需求(15 种)	镁、钨、钼、白银、稀土、菱镁矿、萤石、耐火黏土、磷矿、芒硝、重晶石、石材、石墨、滑石、硅灰石
供需基本平衡(7 种)	煤、锑、钠盐、石膏、高岭土、硅藻土、膨润土

随着我国城镇化率持续提高,以及国民经济持续中高速增长,人们对金属矿产资源的需求还会保持较高水平。新产业的不断涌现,新旧动能的转换将对整个社会发展方式带来深刻的变化。在此进程中,矿物材料也将不断拓展其应用领域,在传统的矿产需求保持低速增长的同时,与新能源、战略性产业相关的新兴矿产,如锂、钴、镍、钒等需求可能会呈爆发式增长。

金属矿产资源的高强度需求与找矿难度不断增加之间的矛盾,对成矿理论、找矿模型和技术系统等提出了更高的要求,迫切需要加大科技创新力度,为保障我国关键金属矿产资源的安全供应提供科技支撑(侯增谦等,2020)。因此,不断发展金属矿产资源勘探与开发技术,是保证国民经济发展的关键。

1.2　金属矿产资源遥感技术国内外研究现状

金属矿产资源遥感技术的发展是随着世界资源卫星硬件的不断进步,以及人们对更高、更快、更有效的遥感找矿技术和成矿远景区预测模型的追求而逐步发展起来的。

1.2.1 资源卫星国内外研究现状

1972年,美国陆地卫星(Landsat卫星)的成功发射,开启了遥感找矿时代,形成了以光谱比值和主成分分析为核心的遥感色调异常提取多方法协同工作模式;1982年与1984年先后发射了携带TM(Thematic Mapper)传感器的Landsat4与Landsat5;1999年发射的Landsat7配备有ETM+传感器(enhanced thematic mapper plus),增加了空间分辨率为15m的全色波段,并将ETM+热红外波段的空间分辨率提高到60m。

自20世纪80年代末起,国内外就开始了机载高光谱遥感找矿工作。它们大多依据波谱特征直接判断和识别矿物,如:智利在20世纪80年代利用航空摄影解译矿化蚀变带,发现了玛尔泰和洛博金矿;美国地质调查局利用陆地卫星数据处理填绘了与矿化有关的褐铁矿化异常分布;Crosta(1989)等利用陆地卫星图像数据成功圈定了巴西Minais Gerais半干旱地区的铁染和泥化蚀变。

20世纪90年代初,Crosta和Doughlin利用4个陆地卫星TM波段设计了主成分变换+特定主成分求反的方法,提取了巴西热带地区残积土壤中的三价铁和羟基蚀变信息;郭华东(1993)结合光学与雷达多源遥感数据,在新疆阿尔泰地区发现并圈定了12个金矿靶区及远景区,通过对其中一个靶区的解剖,确定了金矿床的存在,并由此获得了国家科学技术进步奖二等奖。

20世纪90年代末至21世纪初,中国迎来了资源遥感卫星的发展阶段。在此阶段,法国SPOT系列卫星(1986年,SPOT-1;1990年,SPOT-2;1993年,SPOT-3;1998年,SPOT-4;2002年,SPOT-5)的发射,标志着金属矿产资源遥感进入2m的高分辨率时代;1999年,日本发射的Terra卫星,搭载了Aster传感器,最高空间分辨率为15m,通过在近红外和短波红外波段设置对金属矿产资源的敏感波段,该传感器成为有效的多光谱遥感找矿传感器,长期被广泛应用于新疆包尔图铜矿(王钦军和蔺启忠,2006a)、埃塞俄比亚铁矿(代晶晶,2012)等金属矿产资源的遥感勘查工作。

1999年,美国Ikonos卫星的发射,开启了亚米级遥感找矿时代,它的最高空间分辨率为0.82m。2000年,美国发射的地球观测1号卫星搭载的Hyperion传感器,是全球第一颗星载高光谱传感器,标志着遥感找矿进入了星载高光谱时代。例如Paznermicha等地的金属矿产资源勘查,都是以Hyperion为数据源开展的遥感找矿工作(Zhang and Icha,2007)。此后,美国分别于 2001 年、2007 年、2008 年先后发射了 QuickBird 卫星、Worldview 卫星,Geoeye 卫星。它们都被用于达布(蔡柯柯,2011)、西藏甲玛(郭娜等,2010)、新疆塔什库尔干(陈玲等,2012)等矿区的遥感勘察工作。

21 世纪初,我国进入了资源卫星发射的高峰期。继 1999 年首次发射传输型地球资源卫星 CBERS-1 之后,2000 年和 2002 年分别发射中国资源二号 01 星和 02 星,2003 年发射资源一号 02 星,2004 年发射中国资源二号 03 星,2007 年发射资源一号 03 星,2008 年发射遥感卫星 4 号、5 号,2010 年发射遥感卫星 9 号、10 号,2011 年发射资源一号 02C 星。它们都被应用于新疆东天山铜(金)矿(陈析璆等,2010)、新疆谢米斯台铜(金)矿(尹芳等,2014)等地开展金属矿产资源遥感勘查工作。

2013 年,高分一号卫星的发射,标志着我国进入了高分时代。接着,2014 年我国发射了高分二号,2015 年发射了高分八号和高分九号,2016 年发射了高分三号、高分四号、高分五号和高分六号,2018 年发射了高分十一号,2019 年发射了高分十号和高分七号,2020 年发射了高分十三号。上述高分系列卫星被应用于矿物精细识别(董新丰等,2020)、变质侵入体解译(张兴等,2015)、蚀变矿物信息提取(张焜等,2019;宿虎等,2020)等方面。其中,搭载有高光谱传感器的高分五号卫星的成功发射,标志着我国进入了卫星高光谱遥感找矿时代。

1.2.2 遥感找矿技术国内外研究现状

近年来,卫星的不断升级换代,使得遥感找矿技术也得到了迅速发展。根据运算方式,笔者将已有的典型目标提取算法划分为利用谱带强度参数进行目标提取的算法体系和利用波形特征进行目标提取的算法体系。

1.2.2.1 利用谱带强度参数进行目标提取的算法体系

谱带强度对应某个波长的光谱反射率、发射率或辐射亮度。利用谱带强度参数进行目标提取的算法体系主要包括图像增强算法、滤波器算法和统计分类算法。

1. 图像增强算法

图像增强算法主要包括比值法、以向量空间变换为主的算法和彩色空间变换算法。

1) 比值法

比值法是根据地物在不同波段反射或发射强度的不同而造成的图像灰度上的差异,对两幅图像或多幅图像变换后的结果进行比值运算的方法。它可以消除电磁波传输过程中乘性因子的影响,对消除谱带强度变化不大的背景因子(如土壤)具有很好的效果,主要适用于两个比值波段的谱带强度差别较大的目标增强,如岩性识别(邵芸等,1989)、蚀变信息提取(Barnaby,1989;高淑惠,1995)、找矿(徐永辉,2001;杨自安,2003)等领域。比值法虽然具有突出目标的重要作用,但是它也有不足之处。首先,它在消除乘性因子的同时增强了加性因子在图像中的作用(如噪声)。加性因子主要来自程辐射,因此,在进行比值运算之前首先要去噪。其次,在可见光近红外波段,它对暗目标(如阴影)也进行了增强。因为暗目标在该区间的反射率很低,所以在进行比值运算时它们的强度就会变大,这也是马建文(1997)在提取蚀变带时首先使用掩膜去除背景的原因之一。最后,如果某些非目标地物的光谱在比值波段处也具有相似的光谱吸收或反射特征,它们对要增强的目标会造成严重干扰。总之,比值法并不是对所有地区都适用。

2) 以向量空间变换为主的算法

以向量空间变换为主的算法主要包括主成分分析、最小噪声分离(minimum noise fraction,MNF)变换、噪声调整主成分(noise-adjusted principal component,NAPC)变换、多因子逐步正交变换和对应分析。

主成分分析是为了降低波段数据间的相关性而提出的。它以选择波段间方差最大为原则,达到降维、数据压缩和信息分离的目的,具有变换前后总信息量不变的特点,这为解释变换结果提供了依据。它被广泛应用于蚀变带信息提取(马建文,1997)、经济分析评价(徐伟和王波,2000)、岩矿识别(甘甫平等,2002;杨自安,2003)、水质监测(黄胜等,2003)、纹理图像分割(蒋晓悦等,2004)、影像分析(王跃峰等,2005)、投资环境评价(工凤和黄志阳,2005)、城市综合实力评价(方龙福和张永凌,2005)等领域。

当噪声方差和信号方差没有明显差别时,主成分分析中的噪声分量并不是随着阶次的增加而降低的。为了弥补上述缺陷使变换后的图像按照图像质量从高到低的顺序排列,Andrew 和 Green(1988)将改进后的主成分变换称为最小噪声分离变换(MNF),与之相类似的算法是 NAPC 变换(Lee et al.,1990)。与主成分分析不同,上述两种方法在变换的同时考虑到遥感图像的信噪比,结合信噪比参数的图像变换更具有目的性。

多因子逐步正交变换是利用矩阵对角化分解的思想对多波段遥感数据方差、协方差矩阵进行逐步旋转,坐标轴在每一步旋转中所处的位置不同,而通过不同位置的坐标轴就可以区分出不同的目标(刘素红,1999)。该方法的优点是克服了主成分分析在分类方面缺乏目标性的缺陷,缺点是在确定目标提取最佳角度的过程中,角度空间旋转图像数量很大,占据很大的内存空间,速度慢。

对应分析又称 R-Q 型因子分析,是法国人 Benzeci 于 1970 年首次提出的。这种方法是在因子分析的基础上发展起来的,它修正了主成分分析物理意义不强的缺点(Andersen,1991),被广泛应用于岩石分类(刘庆生,1999)、矿产勘查(邹海俊等,2004;孙华山等,2005;吕古贤等,2005)、水质评价(张彩香等,2005;任广平等,2005;朱小娟和普智晓,2005)、矿床微量元素地球化学特征分析(崔来运,2005)、原生晕分析(姚玉增等,2005)等领域。它的缺点是在因子计算过程中需要对图像进行统计,运算量大。和主成分分析一样,它在变换过程中也没有考虑图像信噪比问题,分类精度不高。

3)彩色空间变换算法

彩色空间变换算法(赵英时,2003)是图像增强常用的算法,根据下列公式进行运算可将 RGB 有效地分离为代表空间信息的亮度(I)以及代表波谱信息的色调(H)和饱和度(S)。

$$\begin{bmatrix} I \\ v_1 \\ v_2 \end{bmatrix} = \begin{bmatrix} \frac{1}{\sqrt{3}} & \frac{1}{\sqrt{3}} & \frac{1}{\sqrt{3}} \\ \frac{1}{\sqrt{6}} & \frac{1}{\sqrt{6}} & -\frac{2}{\sqrt{6}} \\ \frac{1}{\sqrt{2}} & -\frac{1}{\sqrt{2}} & 0 \end{bmatrix} \begin{bmatrix} R \\ G \\ B \end{bmatrix} \quad (1.1)$$

$$H = \tan^{-1}\left(\frac{v_2}{v_1}\right) \quad (1.2)$$

$$S = \sqrt{v_1^2 + v_2^2} \quad (1.3)$$

式中:I 表示亮度分量;H 表示色调;S 表示饱和度;v_1 和 v_2 是计算色调和饱和度所需要的中间变量。

首先,用分解后的亮度分量 I 对全色波段影像进行灰度直方图匹配;然后,用匹配后的全色波段影像替代原影像的亮度分量;最后,进行 IHS 逆变换,得到融合后的影像。该变换是直角坐标系与柱面坐标系的变换,彩色柱面坐标表示彩色合成的物理模型,这样直角坐标变换具有物理含义,变换的结果易于解释。彩色合成变换还用于多源信息的融合,将不同来源的数据源分别赋予亮度、色度和饱和度的图像,然后变换到直角坐标系下,可以得到复合后的信息。它的缺点是仅限于3个波段,在变换过程中易丢失很多光谱信息。该方法主要被应用于图像融合等领域(杨垣等,2001;吴连喜和王茂新,2003;柴艳妹等,2004;钱永兰等,2005)。

2. 滤波器算法

该类算法主要包括掩膜和密度分割,它们主要是根据地物在某个波段谱带强度的差异进行的分类,适用于单波段目标提取。滤波器算法被应用于岩性识别(邵芸等,1989;刘素红,1999;吴德文,2002)、蚀变带提取(马建文,1997)、找矿预测(杨自安,2003)、图像融合(刘成,2003)、土地利用(徐涵秋,2005)等领域。上述情况表明,掩膜和密度分割在目标识别中发挥着重要作用。但是,它们的缺点是仅限于单波段使用,如果目标和其他地物的谱带强度范围有叠加,使用该算法将减少目标的数量。另外,确定掩膜或密度分割的范围也很困难。

3. 统计分类算法

统计分类算法主要包括聚类分析、神经网络、遗传算法、Gram-Schmidt投影、正交子空间投影、最小二乘子空间投影、约束能量最小、线性约束方差最小、小波变换和支持向量机。

1) 聚类分析

聚类分析包括监督和非监督分类。监督分类首先从欲分类的图像区域中选定一些训练样区,在这些训练样区中地物的类别已知,并用它建立分类标准,然后按同样的标准对整个图像进行识别和分类。非监督分类是一种无先验(已知)类别标准的分类方法,对待研究的对象和区域没有已知类别或训练样本作标准,而是利用图像数据本身在测量空间中聚集成群的特点,先形成各个数据集,然后再核对这些数据集所代表的物体类别。聚类分析被应用于岩性识别(Dlane,1988;Ernst et al.,2000)、土地利用(周生路等,2000)、环境评价(林子瑜和徐金山,2001)、植被分析(程乘旗等,2002)、三维地质成像(付锦等,2003)、影像纹理分类(张林等,2004)等领域。它的优点是可以在没有先验知识的情况下对图像中的所有像元根据其谱带强度进行分类,缺点是分类精度低、运算量大、速度慢,分类结果受训练样本个数的影响严重。

2) 神经网络

神经网络是由大量简单的神经元相互连接而成的自适应非线性动态系统。每个神经元的结构和功能比较简单,而大量神经元组合产生的系统行为却非常复杂。人工神经网络在构成原理和功能特点上更接近人脑,它不是按给定的程序一步一步地执行运算,而是能够自身适应环境、总结规则、完成某种运算、识别或过程控制。1986年,Rumelhart等提出的前向多层网络反向传播(back propagation)学习算法(简称BP算法),是应用范围最广的神经网络算法。它的基本思想是根据样本的希望输出与实际输出之间的平方误差,利用梯度下降法从输出层开始逐层修正权系数。该算法被应用于岩性识别(Ernst et al.,2000)、遥感图像分类(骆剑承等,2005)、数据融合(陈涵等,2005)、土地利用(骆成风等,2005)、参数反演(唐军武等,2005)、植被分类(刘旭升和张晓丽,2005)等领域。它的优点是它是一种非线性系统,具有学习、记忆、计算和各种智能处理的功能,能在不同程度和层次上模仿人脑神经系统的结构进行信息识别和处理等,并具有一定的抗干扰能力;缺点是算法容易形成局部收敛,分类结果易受学习样本的控制,在学习过程中运算量大、速度慢。

3) 遗传算法

遗传算法是模拟生物在自然环境里的遗传和进化过程而形成的一种自适应全局优化概率搜索算法。它最早由美国的Holland教授提出,起源于20世纪60年代人们对自然和人工自适应系统的研究。20世纪80年代,Golberg通过归纳总结,形成了遗传算法的基本框架。常用的遗传算法一般包含编码、选择、交叉和变异4个主要操作。应用遗传算法寻求最优解的基本思想是:将问题的候选解进行编码,即一个候选解对应一个编码。经过编码后的候选解被称为个体,许多候选解的个体组成了候选解群,称为群体。对这样的群体像生物进化那样进行选择、交叉和变异的操作,产生新一代群体。选择的基础是适应度值,不同问题有不同的适应度函数,适应度函数值高的个体在下一代有较多的选择机会,而适应度函数值低的个体在下一代产生数目较少的后代,最后逐渐被淘汰。通过这样的筛选,整个群体一代比一代优良;选择操作提高了群体的平均适应度,但没有产生新的个体。新个体的产生是通过交叉和变异操作实现的,交叉通过双亲编码的随机交换产生新一代的群体,体现了自然界信息交换的思想。交叉操作产生的新一代的个体,既保留了双亲的部分基因,又引入新的基因;变异操作模拟生物进化过程中基因突变现象,对于二进制编码来说,变异相当于将某一个体中任一位码按某一概率进行取反操作,即原码为0的变为1,原码为1的变为0。虽然和生物界一样,发生变异的概率值是很小的,但这种变异在优化过程中非常有意义,它可以防止求解过程中过早收敛产生局部最优解,而非总体最优解的问题。

该算法被应用于岩性提取(张振飞,2003)、模型反演(庄家礼等,2001)、目标识别(顾静良,2005)等领域。因此,遗传算法在目标识别中占有重要地位。

4) 空间投影算法

Gram-Schmidt 投影、正交子空间投影和最小二乘子空间投影都是把光谱看作是多维空间的一个矢量,将遥感图像的目标提取转化为线性空间的目标分离问题,并将线性空间中的各种投影算法引入到遥感目标提取中来。Gram-Schmidt 投影的作用是将不正交的向量进行正交化,刘素红等(2000)使用 Gram-Schmidt 投影将反射光谱信息叠加到 TM6 波段上进行弱信息的提取。正交子空间投影是通过向垂直于干扰信号的空间投影消除干扰信号的同时将剩余光谱投影到目标光谱空间并通过最大化信噪比(SNR)以达到增强目标信号的目的,该方法既可以用于混合像元又可以用于纯像元的目标提取。Joseph(1994)将正交子空间投影技术应用到高光谱图像分类与降维中,Hsuan(2000)使用正交子空间投影技术对多光谱图像进行了非监督分类。最小二乘子空间投影包括信号空间正交投影、目标信号空间投影和斜子空间投影。Chein-I(2001)使用最小二乘子空间投影技术进行高光谱图像混合像元的分类。线性空间投影算法的优点是将空间上不正交的向量转换为正交基底,并根据该基底对输入的向量进行分类。向量基底的正交化提高了算法类别区分的能力,在压制干扰信号的同时增强了目标信号,最大限度地提取目标在像元中的百分含量。该算法的缺点是在形成分类算子时需要对整幅图像进行统计。因此,它的运算量很大,速度慢。精度验证实验表明它在岩性识别方面的精度一般。

5) 约束能量最小和线性约束方差最小

约束能量最小将目标探测看作是线性自适应波束形成器问题,特点是从分离目标信号与背景信号的角度出发逐个像素增强目标信号并压制背景干扰信号,从而最大限度地提取目标信号在单个像素中的百分含量。它满足以下两个条件:一个条件是所有像素输出能量之和最小,另一个条件是当该算子与目标信号相乘时,输出的能量为 1。线性约束方差最小和约束能量最小的基本原理相同。Farrand 和 Harsanyi(1997)使用该方法对矿尾渣分布进行填图,Chein-I(2001)使用线性约束方差最小方法进行实时目标探测与分类。约束能量最小在进行精确目标探测时具有很高的精度,在识别谱带强度相差较大的地物时的精度也相对较高。但在形成 CEM 算子时需要对图像进行统计,运算量大,速度慢,岩性识别时精度一般。

6) 小波变换

小波变换是近年来取得很大发展的一门新兴学科,它突破了传统的信号分析手段——傅里叶变换的限制,实现了对信号不同区域、不同分辨率的分析。小波变换的这种特性,使得它可广泛应用于信号处理、地震勘探、流体力学、图像分析等领域。小波变换的概念于 1984 年由 Grossmann 和 Morlet 正式提出,并在其后的十几年间得到迅速发展。1989 年,Mallat 提出了多尺度分析的概念,并给出了二进小波变换的快速算法,即 Mallat 算法(其地位相当于傅里叶变换中的 FFT 算法)。该算法把小波变换理论引入工程应用,特别是信号处理领域。算法被广泛应用于目标提取(Toshihiro and Masayuki,2005)、图像压缩(冯宇,2005)、图像增强(杨小雷,2005)、图像匹配(徐建斌等,2005)、特征提取(江涛等,2004)、图像分类(李霆等,2003)等领域。

7) 支持向量机

支持向量机(support vector machines,SVM)最早是由 Cortes 和 Vapnik 于 1995 年提出的。与传统机器学习理论最大不同在于,它服从结构风险最小化原理而非经验风险最小化原理。它根据有限样本信息在模型的复杂性和学习能力之间寻求最佳折中,能较好地解决小样本、非线性、高维数和局部极小点等实际问题。研究发现,支持向量机的各项性能尤其是泛化能力好于传统的人工神经网络,在有限样本的条件下推广能力很好。支持向量机方法虽然是从线性可分情况下的最优分类面发展而来的,但它也可用于非线性分类,可以自动选取端元,并引入惩罚函数及核函数解决光谱线性混合与非线性混合的问题,是一种很有发展潜力的模型。Brown 等在 1999 年最先应用支持向量机进行遥感影像混合像元光谱分解。近年来,许多学者在原支持向量机理论的基础上发展了几种新算法,如加权支持向量机(奉国和等,2005)、模糊 C 均值支持向量机(李茂宽和关键,2005)、支持向量机多分类算法(唐发明等,2005)等。它们被广泛应用于多目标图像分割(Guo and Dan,2002)、光谱分解和雪端元提取(张洪恩,2004)、音频分类与分割(白亮等,2005)、人脸识别(郑宇杰等,2005)、空间数据分类(郑勇涛和刘玉树,2005)、坦克识别(杨凌和刘玉树,2005)等领域。

1.2.2.2 利用波形特征进行目标提取的算法体系

利用波形特征进行目标提取的算法主要包括光谱角匹配、交叉相关匹配、光谱微分、混合光谱分解、诊断性吸收特征参数等。

1. 光谱角匹配

光谱角匹配是以像元光谱与参考光谱之间的夹角进行分类的算法。它把光谱作为矢量投影到 N 维空间上,其维数是所有波段数。N 维空间中,各光谱曲线被看作是有方向有长度的矢量,而各光谱之间形成的夹角称为光谱角。两矢量之间的夹角越小,它们之间的相似度越高。光谱角分类法考虑的是光谱矢量的方向而非光谱矢量的长度。因此,光谱角分类法对谱带强度的影响并不敏感。在进行目标提取时,采用阈值来控制像元光谱是否为参考目标。当计算出的光谱角小于给定的阈值时,将当前像元划分为参考目标,否则,像元将被划分成非目标,此像元被归为未分类,又叫无值类别。它被广泛应用于岩性识别(王志刚,1999;Lawrence et al.,2005)、尾矿分布估计(Fenstermaker and Miller,1994)、光谱分析(Kruse et al.,1993)、树类别区分(Matthew et al.,2005)、水芹类型识别(Jacob et al.,2005)等领域。该类算法的优点是运算量小,速度快;缺点是它只运用光谱曲线的完全波形特征,而无法反映局部细节差异。

2. 交叉相关匹配

交叉相关匹配是运用交叉相关图进行目标提取的一类算法,它通过计算参考光谱与像元光谱在不同匹配位置处的相关系数来构建相关图。像元光谱与参考光谱完美匹配的交叉相关图是在中心位置 0 处的相关系数为 1 的抛物线。该相关图形态的偏差(deviation)指示不同的地物特征,它通过提取 3 个参数并综合它们进行逐个像元目标提取。这 3 个参数分别是匹配位置为 0 处的相关系数、偏度(匹配数目相等但符号相反处的相关系数差)、显著性,并采用平方根误差计算出像元交叉相关图和理想的交叉相关图的差来评价。它被用于岩矿填图(Freekander and Wim,1997)和环境污染检测(Ferrier,1999)等领域。

3. 光谱微分

光谱微分技术通过对光谱进行不同阶次的微分,确定光谱曲线的弯曲点和最大最小反射率对应波长的位置。在地质体中,可以通过确定波长位置、深度和波段宽度,以及分解重叠的吸收波段和提取各种参数,识别岩石、矿物。它被用于信息提取(Huguenin and Jones,1986)、光谱分析(Tsai and Phipot,1998;Demetriades-Shah et al.,1990)等领域。它的优点是利用光谱的吸收与反射(发射)波段位置进行目标提取,速度快;缺点是只利用了光谱的部分信息,仅适用于高光谱中具有典型光谱特征的目标提取,而在对多光谱及对非典型光谱特征的目标进行提取时,该算法的精度较低。

4. 混合光谱分解

混合光谱分解技术是对混合像元光谱进行线性或非线性分解,通过提取目标端元在混合像元中的比例识别目标。混合像元的形成有两种情况:一种是类间混合,即像元内包含除背景外不同地物的混合,如不同矿物、岩石的分类边界地带;另一种是类内混合,即在单一矿物、岩石前提下,由背景、植被和阴影产生的混合。严格来讲,所有像元都是混合像元。因此,能否在混合像元中分解出所需的岩石、矿物信息是岩石、矿物识别的关键。一般来说,在一个像元内引入其他成分会影响该像元的主要光谱参数,如波段的深度、位置、宽度、面积和吸收的程度。因此,可以根据像元主要光谱参数的变化来提取有用信息。线性混合模型是最简洁、应用范围最广的光谱混合模型,已被应用到火星和月球的表面物质分析(Adams et al. ,1986)、土地覆盖填图(Haboudane et al. ,2002)、城市环境变化监测(Small,2003)、水体浑浊度测量(Kameyama et al. ,2001)、岩石与土壤类型分析(Adams et al. ,1986)、植被与土壤信息提取(Roberts et al. ,1993;Conghe,2005)、雪填图(Dagrun,2003)等领域。

5. 诊断性吸收特征参数

可以用吸收波段位置(λ)、吸收深度(H)、吸宽度(w)、吸收面积(A)、吸收对称性(D)、吸收数目(N)和排序参数等作为诊断性吸收特征参数。根据矿物光谱的单个诊断性吸收特征,从成像光谱数据中提取并增强这些信息,可直接用于目标识别。此算法被用于矿物填图(Kruse,1988;Crowley,1989;张杰林等,2003)、环境监测(De,1998;张宗贵,2004)、信息提取(Du et al. ,2005)、目标识别(曹卫彬等,2004)等领域。它主要适用于高光谱遥感,在多光谱遥感中由于地物的波形特征不能很好地得以表达,识别精度很低。

1.2.2.3 谱带强度与波形特征相结合的目标提取算法体系

以光谱学为理论依据,以地物光谱波形匹配技术为指导,以地物谱带强度参数与光谱波形特征参数相结合表征地物的识别特征为切入点,王钦军(2006)提出了一种同时适用于高光谱遥感和多光谱遥感进行目标精确识别的新方法体系——谱带强度与波形特征相结合的目标提取算法体系。它主要包括光谱能级匹配法、光谱相关能级波形匹配法和光谱角余弦能级波形匹配法,实现了无须大气订正条件下的高/多光谱遥感的目标精确识别,克服了现有高/多光谱遥感的地物分类识别算法中存在的精度与速度之间的矛盾,为海量数据的高/多光谱遥感的快速、自动目标匹配识别技术提供了理论依据和新的技术途径。它们被广泛应用于岩性信息提取(王钦军,2006)、空间目标的检测与识别(廖佳俊等,2015)、卫星目标识别与特征参数提取(舒锐,2010;刘代志等,2015)、蚀变信息提取与成矿预测分析(林凯捷,2011)、中药和毒品的光谱分类识别(徐哲,2016)等领域。

1.2.2.4 遥感地球化学

遥感地球化学是地球化学的一门分支学科,是以物质电磁波理论为基础,借助遥感技术获取数据,研究化学元素在地表或其他行星表面的分布、含量及迁移的科学。目前除能获取地球静态参数外,遥感地球化学还可以测量地球动态参数(刘苗等,2010a;刘苗,2010b)。

1993年,Pieters等首次提出了遥感地球化学分析的概念。其后,何延波(1997)和吴昀昭等(2003)也陆续对其进行了阐述。目前,遥感地球化学已广泛应用于金属矿产资源勘探、环境地球化学、生物地球化学、行星地球化学以及全球变化等诸多领域(Baugh et al.,1998;Gong et al.,2002;Chabrillat et al.,2002;徐瑞松等,2003;Meera,2004)。除能获取地球静态参数外,遥感地球化学还可以测量地球动态参数,如地壳、大气、海洋的化学和热通量等。随着成像光谱仪性能的提高,以及与之相应的数据分析处理方法的逐渐成熟,人们对遥感地球化学的应用将会愈来愈普遍。

在遥感地球化学领域,基于反射光谱对元素含量进行估算始于20世纪80年代,目前,国内外一些学者已经基于土壤光谱反射率成功地估算了土壤营养元素及重金属元素的含量。在国外,20世纪80年代,Krishnan等通过实验室测定了土壤可见光—近红外光谱,并对反射光谱倒数的对数进行一阶和二阶微分运算,通过逐步回归分析发现可见光波段(623nm和564nm)的光谱对于有机质的估算精度要高于近红外波段,由此得出了土壤有机质的估算模型;Dalal和Henry(1986)研究了1100~2500nm波段间土壤光谱与土壤含水量、有机碳、氮素之间的关系,通过多元回归分析筛选出合适的预测波段主要集中在1700~2100nm之间的区域,并且发现质地粗糙的土壤样本的估算精度比较低;Ben-Dor和Banin(1994)通过对91个土壤样本的近红外—短波红外波段光谱(1000~2500nm)的分析估算了黏土含量、表面积、阳离子交换量、湿度、有机质以及碳酸盐等土壤的6种重要属性;Palacios-Orueta和Ustin(1998)研究了土壤有机质、铁含量和土壤质地对反射率的影响,通过主成分分析法和典型判别分析研究发现有机质与铁离子含量是光谱曲线形状的主要影响因素,且含沙量低的土壤具有较低的反射率光谱;Kooistra 等(2001)利用偏最小二乘回归法估算重金属元素 Cd、Zn 的含量,比较了原始光谱、标准化光谱、一阶导数、标准化一阶导数、经过多重散射校正的光谱等多种光谱指标的反演效果,发现原始光谱的估算结果最好;Chodak 等(2002)利用线性回归分析研究了森林土壤有机质层的反射率光谱(400～2500nm)与物理、生化性质(C、N、Na、Fe、Mg、C/N 等)之间的关系,取得了很好的结果;Kemper 和 Sommer(2002)利用重金属元素与 Fe 的相关性,使用反射光谱成功预测了 Aznalcollar 矿区土壤中 As、Fe、Hg、Pb 的含量;Velasquez 等(2005)在哥伦比亚地区通过 PCA 方法建立了土壤可见—近红外吸收光谱和土壤化学成分(Ca、Mg、K、可交换态 Al、总 P)、有机成分(总 C、总 N、$N-NH_4^+$、$N-NO_3^-$)间的关系,说明 NIRS 对于大面积估算土壤成分具有很高的潜力。

在国内,彭玉魁等(1998)利用 51A 型近红外光谱分析仪微处理系统自带的数学方法对原始光谱进行了处理,然后进行逐步多元线性回归分析筛选最佳脉冲点组合,对我国黄土区土壤水分、有机质和总氮含量进行了评价分析;于飞建等(2002)研究了近红外光谱与土壤中全 N、有机质、碱解氮的关系,并利用偏最小二乘回归模型进行预测,建模精度达到了比较高的水平,但是没有利用验证样本对回归模型进行验证;刘伟东(2002)利用土壤光谱的相对反射率、一阶微分、差分方法对土壤表面湿度、有机质含量进行预测,并通过验证得出由反射率倒数的对数的一阶微分建立的多元回归方程预测结果较好的结论;李巨宝等(2005)认为邢台地区土壤中的 Fe、Zn、Se 元素与土壤的反射光谱存在较好的相关性,同时模拟的 TM 传感器光谱反射率与土壤中重金属元素也存在很好的相关性;吴昀昭(2005)通过对南京地区的土壤进行实验室实测光谱与土壤重金属 Ni、Cr、Cu、Hg、Pb、As、Cd 间的回归分析,发现土壤重金属元素与反射率呈负相关,预测精度与它们和 Fe 的相关性顺序一致,由此认为重金属元素与土壤 Fe 的内部相关性使利用反射光谱预测无光谱特征重金属元素变为可能;徐永明等(2005)运用逐步多元回归方法和偏最小二乘回归方法研究了 N、P、K 元素含量与不同光谱指标之间的关系,建立了经验模型,并且对回归模型进行了验证,比较了不同光谱参数对营养元素含量回归分析的优劣;周萍(2006)从土壤反射光谱特性入手,通过运用各种土壤反射率数学变换形式,找出最佳单相关分析波段,利用统计学相关分析方法,建立多组回归分析模型,成功地实现了土壤有机质、湿度、氧化铁的成像光谱土壤成分填图;杨萍(2007)运用各种土壤反射率数学变换形式,找出最佳单相关分析波段,利用统计学相关分析方法,建立多组回归分析模型,成功地实现了土壤有机质、氧化铁、土壤中量元素的估算;王璐等(2007)采用偏最小二乘法,研究了反射率(R)、一阶微分(FDR)、反射率倒数的对数[$\lg(1/R)$]和波段深度(BD)等对预测重金属元素含量精度的影响,发现反射率倒数的对数[$\lg(1/R)$]是估算土壤重金属元素含量最好的光谱指标,此外,他们还运用室内光谱模拟多光谱数据,采用回归分析方法建立土壤营养元素含量预测模型,并进行验证;黄启厅等(2009)选择了与土壤中Pb密切相关的两个光谱范围,采用偏最小二乘法定量分析了土壤中的Pb含量,获得了很高的建模精度。

从现有的研究文献中可以发现,在遥感地球化学领域,基于反射光谱的元素含量估算模型绝大部分集中于对土壤营养元素及重金属元素含量的估算。基于反射光谱来建立成矿元素估算模型的研究尚处于探索和起步阶段,李慧等(2009)分析了岩石样本中Au、S、As、Fe 4种元素含量的相关关系,发现As与Au含量的关系最为密切,As元素含量异常从一定程度上反映了Au的异常,随后,他们基于岩石样本的反射率光谱数据,采用偏最小二乘法对上述元素进行了回归分析与预测,结果发现,Fe、As元素的回归模型获得了很高的精度,因此证实利用岩石样本基于反射率光谱建立元素估算模型是可行的。另外,前人的研究表明,不仅具有光谱特征的元素含量可以估算,而且通过无光谱特征物质与有光谱特征物质的相关性,一些无光谱特征的成分也可以被预测,这对由于含量低而体现不出吸收特征的成矿元素的快速预测具有非常重要的借鉴意义。

物质的物理化学性质与光谱之间的关系往往不是线性的,而是非线性的。早期的预测多采用线性方法,如单变量或多元回归,效果并不十分理想。目前,一些非线性方法,如神经网络、遗传算法、小波变换、流形学习方法等已经成功地应用于一些领域中,且在一定程度上提高了预测精度。另外,由于遥感成像过程中的大气效应、地形效应,以及同物异谱、同谱异物等因素的影响,真正实现元素估算模型从微观(点)到宏观(区域)上的应用还有一定的困难。针对成矿元素含量估算模型刚刚起步的研究现状,研究成矿元素与其他元素间的相关关系,通过建立成矿元素的反演模型来探究成矿元素的地球化学异常特征,并尝试将成矿元素反演模型应用于遥感图像上等一系列的研究势在必行。随着对岩矿及土壤的理化性质与反射光谱间关系的进一步研究,各种经验统计建模方法,尤其是非线性建模方法的不断发展,以及对遥感成像过程中的各种影响因素的不断减弱,相信在不久的将来,元素含量估算模型将会在金属矿产资源遥感地球化学领域发挥越来越重要的作用。

1.2.3　成矿远景区预测模型国内外研究现状

金属矿产资源评价的最终目标是实现成矿远景区预测。赵鹏大院士将矿床统计预测的基本理论概括为相似-类比理论、求异理论及定量组合控矿理论(黄海峰,2002)。成矿预测的理念也逐步发生变化,从利用相似性比较(即由已知推未知),到通过地质异常查找新矿床,再发展到以非线性科学和高新信息处理技术为手段综合多元空间数据。其中,相似-类比理论是成矿预测的基础,地质异常致矿理论是成矿预测的核心,综合信息矿产预测理论是成矿预测的归宿。这3种理论相互依存、补充与深化(矫东风和吕新彪,2003)。同时,成矿预测理论和地球空间数据获取与处理技术的不断发展,促进了GIS(geographic information system)和金属矿产资源评价与预测的结合。借助强大的空间数据处理与综合分析能力,GIS在金属矿产资源的成矿预测中发挥了重要作用(梁锦,2011)。

GIS应用于国外金属矿产资源评价的研究起始于20世纪70年代。最初,研究者主要使用简单的叠加方法,即基于栅格图像叠加布尔运算功能,综合研究勘查数据与矿产之间的分布关系(徐翠玲等,2006)。20世纪80年代,GIS在金属矿产资源分析中的应用潜力逐渐被挖掘。1982年,美国地质调查局(USGS)建立了矿产资源评价的GIS原型系统,以实现美国本土(阿拉斯加除外)的矿产资源评价。1990年,加拿大地质调查局(GSC)地质统计专家Agterberg和Bonham-Carter基于二值图像,提出了一种地学统计方法——证据加权模型(weights of evidence model)。该方法结合了条件概率与贝叶斯规则,被应用于Nova Scotia地区的金矿勘探和新布伦斯瑞克北部金属矿产资源评价中(Agterberg et al.,1990;Bonham-Carter et al.,1989)。随后,有学者将模糊逻辑加入到该方法中修改权重值以改进效果(Cheng and Agterberg,1999)。1995年,Wyborn等提出了在已知矿床很少的条件下应用GIS实现金属矿产资源评价的方法,建立了澳大利亚金属矿产预测的GIS专家系统。2000年,Brown等引入了人工神经网络,结合GIS技术实现成矿预测。2003年,Harris等用证据权重法、概率神经网络、判别分析和逻辑回归预测了Carlin、Alamos、Nevada 3个地区的成矿有利度,并作了比较分析,就预期决策损失而言证据权重法表现良好,其损失与变量离散化的方式有关,且分类和决策树的使用可有效改善证据权重法的预测精度。2004年,Carranza在已知矿床很少的条件下将证据权重法用于菲律宾阿布拉地区的成矿预测中,取得了很好的效果。2008年,Ford和Blenkinsop将结合矿床聚集分形分析的证据权重法应用到澳大利亚地区的铜矿预测中,评估了该区的矿化模式,发现该区的铜矿聚集区和断裂聚集带、断裂交叉带和基性岩的分布相关度高。2011年,Agterberg提出使用加权逻辑回归来修正证据权重法的权重值,应用于区域矿产资源估算。

国内将GIS应用于金属矿产资源评价的研究始于20世纪90年代。赵鹏大等(2000)利用GIS技术将地质异常矿体定位预测归纳为"成矿可能地段""找矿可行地段""找矿有利地段""潜在资源地段""远景矿体地段"5种地段的圈定。黄海峰等(2003),李卫东等(2009),刘晓玲和陈建平(2010)基于证据权重法,利用GIS技术分别在甘肃省岷县—礼县地区、云南贵州交界区、内蒙古阿鲁科尔沁旗地区进行金属矿产资源评价及预测;魏冠军等(2010),刘婷婷等(2011)基于信息量法,利用GIS技术分别在澜沧老厂和西藏洞中拉地区进行金属矿产资源评价及预测;薛峰等(2007)利用模糊逻辑法用来预测矿化属性的概率,运用GIS技术研制出了基于证据权重法的矿产预测系统(EWM)。此外,中国地质科学院基于成矿预测BP模型,在MAPGIS软件平台上开发了矿产资源评价系统(MRAS)(宋国耀等,1999;娄德波等,2010);中国地质大学(北京)开发了金属矿产资源评价分析系统(MORPAS)(胡光道和陈建国,1998)。中国地质大学(武汉)地质过程与矿产资源国家重点实验室主任、中国科学院院士、欧洲科学院外籍院士成秋明带领团队,开发了矿产勘查地学数据分析系统(GeoDAS),该系统被各大矿业公司、地质调查局以及相关大学用于地学数据处理和金属矿产资源评价(李荣等,2011)。

总之,GIS用于金属矿产资源的成矿预测主要有两种思路:①基于多元空间数据,利用GIS自带的空间分析功能(缓冲区分析、叠加分析、拓扑分析)实现金属矿产资源的成矿可能性评价,直接表达结果(单明霞,2009);②利用GIS的建模功能,结合相应的数学模型实现金属矿产资源评价。其中的数学模型包括线性模型(如布尔逻辑法、代数法、特征分析法、信息量法、证据权重法等),以及非线性模型(如判别分析、聚类分析、模糊逻辑法、分形理论、非线性Kohonen模型、BP神经网络技术等)。不论采用哪种模型,其最终结果的可靠性严重依赖于参与模型预测的源数据。各数学模型用于成矿预测主要是实现对数据的分析和挖掘,属于数据驱动。如何吸取专家的经验知识,将知识驱动和数据驱动有效结合起来,是今后金属矿产资源成矿预测方法的发展方向(梁锦等,2011)。

表 1.2 展示了用于成矿预测的主要数学模型的优缺点(黄彰,2014)。

表 1.2 成矿预测主要数学模型优缺点对比表

数学模型	优点	缺点
信息量法	简单,快速,数据驱动,计算简单	要求研究区勘探程度高;适用于大比例尺图件;只利用正信息量;未考虑标志之间与成矿相关的条件独立性;信息量的分布区间受地质标志个数影响而不确定
证据权重法	数据驱动,易编程,计算简单;综合考虑标志存在时和不存在时的正、负权重影响;评价成矿有利度的后验概率分布范围固定在0~1之间	要求研究区勘探程度较高;用于分析的变量必须具备条件独立性
模糊逻辑法	不同的模糊算子可有效实现数据综合	模糊算子的选择对结果影响很大,选择标准具有主观性;计算较为复杂;隶属度接近0.5时具有很大不确定性
BP神经网络技术	很强的非线性映射能力,自组织、自学习能力,缺失或错误情况下仍能正确校正,可适应于勘探程度较低的地区	计算复杂,计算结果难以用确定公式描述,需结合成矿机理加以解释

第 2 章　金属矿产资源遥感的基本原理

本章重点介绍了矿产资源的分类以及金属矿产资源遥感的物理基础、金属矿产资源光学和雷达遥感的原理与特点、多源数据融合等。

2.1　矿产资源分类

矿产资源分类是为合理寻找、开发矿产资源,根据矿产的性质、用途、形成方式等建立的一套分类标准体系。根据《矿产资源法》实施细则,矿产资源一般分为金属矿产、非金属矿产、能源矿产和水气矿产等(表2.1)。

2.1.1　金属矿产

金属矿产指可从中提取某种供工业利用的金属元素或化合物的矿产。根据金属元素的性质和用途,将其分为黑色金属矿产,如铁、锰、铬、钒、钛;有色金属矿产,如铜、铅、锌、钴、镍、钨、锡、钼、铋、汞、锑;轻金属矿产,如铝、镁;贵金属矿产,如金、银、铂族金属(铂、钯、铑、铱、钌、锇);稀有/稀土金属矿产,如钽、铌、铍、锂、锆、铯、铷、锶、铈族金属(轻稀土)、钇族金属(重稀土);分散金属矿产,如锗、镓、铟、铊、铪、铼、镉、钪、硒、碲等。

2.1.2　非金属矿产

非金属矿产是指在经济上有用的某种非金属元素,或可直接利用矿物、岩石的某种化学、物理或工艺性质的矿产。中国非金属矿产资源丰富,品种众多,分布广泛,已探明储量的非金属矿产有92种。非金属矿产主要品种为金刚石、石墨、自然硫、硫铁矿、水晶、刚玉、蓝晶石等。

表 2.1 矿产资源分类表（据《矿产资源法》实施细则，1995，有改动）

金属矿产	黑色金属矿产	铁、锰、铬、钒、钛
	有色金属矿产	铜、铅、锌、钴、镍、钨、锡、钼、铋、汞、锑
	轻金属矿产	铝、镁
	贵金属矿产	金、银、铂族金属（铂、钯、铑、铱、钌、锇）
	稀有/稀土金属矿产	钽、铌、铍、锂、锆、铯、铷、锶、铈族金属（轻稀土）、钇族金属（重稀土）
	分散金属矿产	锗、镓、铟、铊、铪、铼、镉、钪、硒、碲
非金属矿产		金刚石、石墨、磷、自然硫、钾盐、硼、水晶、刚玉、蓝晶石、夕线石、红柱石、硅灰石、钠硝石、滑石、石棉、蓝石棉、云母、长石、石榴子石、叶蜡石、透辉石、透闪石、蛭石、沸石、明矾石、芒硝（含钙芒硝）、石膏、重晶石、毒重石、天然碱、方解石、冰洲石、菱镁矿、萤石、宝石、玉石、电气石、玛瑙、颜料矿物（赭石/颜料黄土）、石灰岩、泥灰岩、白垩、含钾岩石、白云岩、石英岩、砂岩、天然石英砂、脉石英、粉石英、天然油石、含钾砂页岩、硅藻土、页岩、高岭土、陶瓷土、耐火黏土、凹凸棒石、海泡石、伊利石、累托石、膨润土、铁矾石、其他黏土、微榄岩、蛇纹岩、玄武岩、辉绿岩、安山岩、闪长岩、花岗岩、麦饭石、珍珠岩、黑曜岩、松脂岩、浮石、粗面岩、霞石、正长岩、凝灰岩、火山灰、火山渣、大理岩、板岩、片麻岩、角闪岩、泥炭、矿盐、镁盐、碘、溴、砷
能源矿产	固态	煤、石煤、油页岩、铀、钍、油砂、天然沥青
	气态	天然气、煤层气、页岩气、气态地热
	液态	石油、液态地热
水气矿产	水	地下水、矿泉水
	气	二氧化碳、硫化氢、氦、氡

非金属矿产根据其用途可分为7类：机械加工工业非金属矿产、仪器仪表工业非金属矿产、电气工业非金属矿产、化学工业非金属矿产、硅酸盐工业非金属矿产、天然石材工业非金属矿产、美术工艺矿产（冯启明等，1996）。

2.1.3 能源矿产

能源矿产又称燃料矿产、矿物能源,是指赋存于地表或者地下的,由地质作用形成的,呈固态、气态和液态的,具有提供现实意义或潜在意义能源价值的天然富集物。

我国已发现的能源矿产资源有 13 种,固态的有煤、石煤、油页岩、铀、钍、油砂、天然沥青;液态的有石油、液态地热;气态的有天然气、煤层气、页岩气、气态地热。

2.1.4 水气矿产

蕴含有某种水、气并经开发可被人们利用的矿产,称为水气矿产。它主要包括地下水、矿泉水、二氧化碳、硫化氢、氦和氡 6 种类型。

2.2 金属矿产资源遥感

金属矿产资源遥感(metal mineral resources remote sensing)是一门以金属矿产资源的探测、开发、利用、规划、管理和保护为主要内容的遥感学科。它是一门通过遥感技术对工作区的控矿要素、找矿标志及矿床的成矿规律进行归纳总结分析,并从中提取矿化信息从而达到找矿目的的学科。

2.2.1 金属矿产资源遥感的物理基础

一般而言,通过光谱认识矿物是金属矿产资源遥感的基本途径。光谱是电磁辐射按照波长的有序排列。根据实验条件的不同,各个辐射波长都具有各自的特征强度(图 2.1)。通过光谱研究,人们可以得到原子、分子等的能级结构等多方面物质结构的知识。下面是两个常见术语的定义。

线状光谱:由若干条强度不同的谱线和暗区相间而成的光谱。

带状光谱:由几个光带和暗区相间而成的光谱。

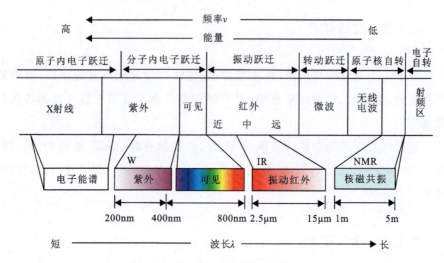

图 2.1 光波谱区及能量跃迁相关图

2.2.1.1 原子光谱

原子光谱是原子核外的电子在不同能级间跃迁而产生的辐射发射或吸收所形成的光谱,它是从近红外到紫外区间的线状光谱。原子辐射存在 3 个基本过程,即受激吸收、受激辐射和自发辐射(林美荣和张包铮,1990)。

受激吸收:假设原子具有两个能级,其中 E_i 为低能级,E_k 为较高能级。当原子处于 E_i 能级时,若受一个外辐射场作用,且外场的辐射频率 v_{ki} 满足条件

$$h v_{ki} = E_k - E_i \tag{2.1}$$

那么原子可能吸收能量为 $h v_{ki}$ 的光子而跃迁到较高能级,这个过程称为受激吸收。

受激辐射:当原子处于较高能级 E_k,受外辐射场的作用,且外场的辐射频率满足式(2.1)时,原子有可能受外场的作用而发射同样的光子,从而跃迁到较低能级 E_i,这个过程称为受激辐射。在受激辐射过程中,原子发射的光子在频率、偏振、相位以及传播方向上与入射光子完全相同,因此,受激辐射产生的是相干辐射光。

自发辐射:在没有外场作用下,处于较高能级 E_k 的原子具有自发向低能级跃迁的趋势。当它从 E_k 跃迁至 E_i 时,将发射频率为 $h v_{ki}$ 的光子,这个过程称为自发辐射。

每种原子都有其独特的光谱,犹如人的指纹一样是各不相同的。根据光谱学理论,每种原子都有其自身的一系列分立的能态,每一能态都有一定的能量。我们把氢原子光谱的最小能量定为最低能量,并把这个能态称为基态,相应的能级称为基能级。一般情况下,原子处于最低能态,并且它可以吸收一个光子而跳跃到另一个能态。所以,吸收光谱包含着从基态到所有可能的激发态的跳跃或跃迁。

2.2.1.2 分子光谱

分子光谱则是由分子的电子能级和分子的振动、转动能级的变化而产生的光谱。在辐射作用下,分子内能级间的跃迁主要包括价电子运动所产生的电子能级、分子内原子在平衡位置附近的振动所产生的振动能级、分子本身绕其重心的转动所产生的转动能级。由电子能级跃迁所产生的光谱为电子光谱,光谱波长位于紫外到可见光区间;由振动能级跃迁所产生的光谱为振动光谱,光谱波长位于近红外、中红外区间;由转动能级跃迁所产生的光谱为转动光谱,光谱波长位于远红外、微波区间(夏慧荣和王祖赓,1989)。

正如原子能级跃迁产生原子光谱一样,分子能级跃迁也将形成分子光谱。但是,分子能级比原子能级复杂得多。因而,分子光谱比原子光谱也复杂得多。分子的总能量为电子能量 E_e、振动能量 E_v 和转动能量 E_r 之和。假设 E' 和 E'' 分别表示跃迁时较高和较低态的能量,于是,能量跃迁差为

$$E' - E'' = (E_e' - E_e'') + (E_v' - E_v'') + (E_r' - E_r'') \tag{2.2}$$

相应跃迁频率为

$$hc_v = E' - E'' \tag{2.3}$$

即跃迁频率可以表示为

$$v = v_e + v_v + v_r \tag{2.4}$$

如果分子的电子能量和振动能量不变,而只是转动能量发生变化,那么相应的跃迁频率 v_r 值是很小的,称为纯转动光谱,它们大多位于远红外区,甚至位于微波区;如果分子在一定的电子态中产生振动态之间的跃迁,转动态也会发生变化,频率 $v_v + v_r$ 一般位于红外区,称为分子的振—转光谱;如果分子产生电子态之间的跃迁,那么还伴随着振动态和转动态的变化。

2.2.1.3 岩矿光谱

岩矿提取与其他地物的提取既有相似性,又存在一定的差异。相同点包括:

①遥感图像产生的基本原理相同,②大气对电磁波传输的影响因素和方式相同,③用于岩性提取的目标提取算法也可以用于植被、土壤等其他地物类型的提取。差异性表现为岩性光谱在更大程度上受矿物成分、风化、地形、表面覆盖等因素的影响,各类岩石(如沉积岩、岩浆岩、变质岩)间的光谱特征因包含矿物类型及其含量的变化而产生不同程度的差异。

1. 矿物光谱

矿物是组成岩石的基本单元,岩石光谱受到地形、颜色、风化、表面覆盖等外界因素的影响。裸露岩石的光谱特征主要是由矿物光谱的叠加而成,因此,矿物光谱是裸露岩石光谱的主要决定因素(图 2.2)。

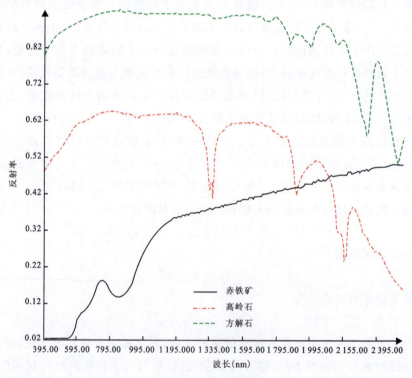

图 2.2 矿物光谱图

1)可见光与近红外区(0.4~1 μm)

可见光与近红外区反映的是矿物的反射光谱特征。在此区间的矿物光谱主要表现为过渡元素(如 Fe、Mn、Cu、Ni、Cr)的电子过程。像 Si、Al 元素和组成地球表面大部分岩石的阴离子,如 SiO_3^{2-}、O^{2-}、OH^-、CO_3^{2-}、PO_4^{3-} 等在这个区间缺少光谱特征(Ravi,2003)。

第 2 章 金属矿产资源遥感的基本原理

在矿物的组成成分中，Fe 是一种非常重要的元素。由晶体场理论可知，Fe^{2+} 基态 D 在四面体场中分裂为较高的五重线能级 E_g 和较低的五重线能级 T_{2g}。由于仅存在一个自旋容许跃迁，从而在 1.0~1.1 μm 波长附近产生一个常见的强而宽的吸收谱带。Fe^{3+} 有一个对称的基态 S，在任何晶体场中都不分裂，到 4G 态所形成的更高能级的跃迁均为自旋禁戒，因而光谱相对较弱，但在 0.6~0.9 μm 波长间产生较强的吸收谱带。对于不同类型铁化合物，因分子结构、晶体结构以及透明度的差异，其特征谱形差别较大。Cu^{2+} 在变形八面体位置处是稳定的，0.8 μm 波长处的强吸收谱带是基态到激发态的自旋允许跃迁产生的。

2) 短波红外区(1~3 μm)

组成地壳岩石的 OH^- 和 CO_3^{2-} 在该区表现出明显的特征，真实峰值的位置可能受到晶体场效应的影响而有所偏离，有时这些吸收特征在太阳反射图像中也可以看到(Ravi，2003)。下面是几个相关概念。

基频：振动能级由基态跃迁到第一激发态时产生的吸收峰称为基频峰，相应的频率称为基频。一般从基态跃迁到第一激发态的几率较大，所以基频吸收的强度也较大。

倍频：振动能级由基态跃迁至第二、三振动能级所产生的吸收峰，称为倍频峰，相应的频率称为倍频。

合频：合频是两种振动的基频之和。例如，基频为 v_1 和 v_2 的两个峰，合频峰为 v_1+v_2。

差频：基频之差。

泛频：倍频、合频和差频的统称。

OH^- 是广泛分布的岩石组成矿物(如黏土、云母、绿泥石等)的成分，在波长 2.74~2.77 μm 处有一个振动基频吸收特征，在波长 1.44 μm 处形成一个倍频吸收。基频吸收与倍频吸收容易与水分子的吸收相混淆。但是，当 OH^- 与 Al 或 Mg 结合时(Al-OH 或 Mg-OH)，几个尖锐的吸收特征在 2.1~2.4 μm 波段就表现了出来。Al-OH 的振动吸收特征表现在波长 2.2 μm 处，而 Mg-OH 的振动吸收特征表现在波长 2.3 μm 处。如果 Mg 和 Al 都同时存在，那么，在波长 2.3 μm 处有强吸收，在波长 2.2 μm 附近有弱吸收，这样就形成了双吸收特征，如高岭石。与此相反的是，蒙脱石与白云母由于受 Mg-OH 的影响只在波长 2.3 μm 处形成特征吸收。Fe 有可能替代 Al 或 Mg，黏土中的这种替代作用的增加在结构上降低了 Al-OH 在波长 2.2 μm 处或 Mg-OH 在波长 2.3 μm 处的吸收特征，同时增强了 Fe 在 0.4～1 μm 波段的吸收特征。在黏土存在的情况下,Al-OH 或 Mg-OH 在 2.1～2.4 μm 波段的强吸收导致了除 1.6 μm 波长以外的光谱反射率的急速降低。这种在 2.1～2.4 μm 处的宽波段吸收是富含黏土的诊断特征。在波长 1.6 μm 反射峰值附近,波段比值(1.55～1.75 μm)/(2.2～2.4 μm)是识别黏土矿物的强有利参数。另外,它也有利于识别热液蚀变区。这是因为许多黏土矿物,如高岭石、白云母、叶蜡石、明矾石、迪开石、蒙脱石、硬水铝石与该区域紧密相关。

水分子可以以单个分子或以基团的方式存在于矿物晶体结构中的特定位置成为晶体结构的一部分,如石膏($CaSO_4 \cdot 2H_2O$)。同时,它也可以以不等的数量存在于晶体结构的不同位置,但并不是晶体结构的组成部分,如钠沸石($Na_2Al_2Si_3O_{10} \cdot 2H_2O$);水分子也可以与作为结构组成成分的羟基基团一起存在于矿物中,如蒙脱石[$(Al,Mg,Fe)_4(OH)_n(Si,Al,Fe)_8O_{20-n}(OH)_n \cdot 6H_2O$]。水分子一般是物理吸附或化学吸附在晶体表面,它也可以被封闭在晶体结构内的液包中,如乳石英(SiO_2)。水分子吸收波段位于波长 1.4 μm 与波长 1.9 μm 处。尖锐的峰值表明水分子以有序的方式存在,如果峰值较宽则表明水分子以无序的方式存在。

碳酸盐在地壳中经常出现,它以方解石($CaCO_3$)、菱镁矿($MgCO_3$)、白云石[$(Ca-Mg)CO_3$]、菱铁矿($FeCO_3$)等形式存在。短波红外波段中,碳酸盐的波段位置在波长 1.9 μm、2.35 μm 和 2.55 μm 处。波长 1.9 μm 附近的峰值容易与水的吸收峰相混淆,波长 2.35 μm 附近的峰值容易与黏土的吸收峰相混淆,然而,波长 1.9 μm、2.35 μm 与 2.55 μm 处吸收峰的同时存在可以看作是碳酸盐的诊断特征。存在菱铁矿时,也会在 1.1 μm 附近出现铁吸收波段。

3)热红外区

许多成岩矿物如硅酸盐、碳酸盐、氧化物、磷酸盐、硫酸盐、硝酸盐、亚硝酸盐、氢氧化物等在该波段都有明显的光谱特征。物理属性如颗粒大小、堆积方式等都会引起发射光谱的变化,这种变化是由于相对吸收深度,而不是所处波段的位置产生的(Ravi,2003)。

碳酸盐在波长 7 μm 处表现出特征吸收,但是此特性位于大气窗口(8～14 μm)之外,因此,它不能被遥感使用。相反,它在波长 11.3 μm 处的弱吸收特征有可能被探测到。硫酸盐在波长 9 μm 和 16 μm 处有明显的吸收特征。磷酸盐在波长 9.25 μm 和 10.3 μm 处,氧化物与硅酸根在波长 8～12 μm 处有相同的吸收波段区间。硝酸盐在波长 7.2 μm 处,亚硝酸盐在波长 8 μm 和 11.8 μm 处,氢氧根离子在波长 11 μm 处存在特征吸收波段。

组成地壳大量矿物的成分——硅酸盐,在热红外区表现出振动的光谱特征。根据对一般的硅酸盐,如石英、长石、白云母、斜辉石、角闪石、橄榄石的特征分析,可以得到如下结论(Ravi,2003):

(1)在波长 7~9 μm 处存在一个最大值,它被称为 Christiansen 峰;它的位置随着成分的变化而移动,长英质矿物在波长 7 μm 处而超铁镁质矿物在波长 9 μm 附近。

(2)在波长 8.5~12 μm 处出现了硅的强吸收波段,大都在波长 10 μm 附近。因此,10 μm 一般被认为是硅酸根振动吸收区,然而,它的确切位置与硅酸盐结构有密切关系,吸收峰从波长 9 μm(块状硅酸盐或长英质矿物)到波长 11.5 μm 不等(链状硅酸盐或镁铁质矿物)。

(3)波长 12~15 μm 区域对硅酸盐、网状硅酸盐的 Al-Si 结构较为敏感。片状结构、链状结构或其他类型的硅酸盐在该区域没有存在吸收峰。吸收峰的吸收模式(数量和位置)随着长石的不同而发生变化,根据这种特性可以对它们加以识别。

2. 岩石光谱

岩石是矿物的集合体,因此,它的光谱比矿物光谱更加复杂,变化性更强。定义岩石的诊断性光谱曲线是十分困难的。然而,在岩石组成矿物的基础上,大体上描述它的光谱特征还是有可能的。下面从太阳反射区和热红外区(Clark,1999)两个部分来讨论。

1)太阳反射区(VNIR+SWIR)

(1)岩浆岩。图 2.3 显示了岩浆岩在可见光、近红外和 SWIR 区域的典型光谱特征。结果表明,岩浆岩在波长 1.4 μm、1.9 μm 和 2.2 μm 处存在吸收峰,它们对应了 OH^- 与水的吸收波段位置。黑云母花岗岩和花岗岩含有少量的水,因此它们的 OH^- 吸收深度较弱。镁铁质岩石含有铁、辉石、角闪石和磁铁矿,因此 Fe^{3+} 与 Fe^{2+} 在波长 0.87 μm 和波长 1.0 μm 处的吸收波段较为明显。超镁铁质岩石含有大量的不透明矿物及 Fe^{2+} 矿物,因此 Fe^{2+} 吸收波段就较为明显,如辉石岩。纯橄榄岩几乎全部都是橄榄石,所以,在波长 1.0 μm 附近有一个宽的吸收带。

(2)沉积岩。图 2.4 显示了重要沉积岩类型在 VNIR+SWIR 的实验室光谱响应,所有沉积岩都在波长 1.4 μm 和波长 1.9 μm 处呈现水的吸收特征。页岩在 2.1~2.3 μm 波段之间又增加了特有的吸收特征。Fe^{2+} 和 Fe^{3+} 在 VNIR 波段呈现吸收特征。含碳页岩没有明显的吸收特征,纯硅质砂岩也没有吸收特征。然而,砂岩经常含有一些 Fe_2O_3,它在波长 0.87 μm 处产生光谱吸收特征。白云岩和碳酸岩表现出的是碳酸盐的吸收波段(1.9 μm 和 2.35 μm,后者较强);在白云岩中,由于 Mg^{2+} 被 Fe^{2+} 所交代,它在波长 1.0 μm 处经常呈现出吸收特征。

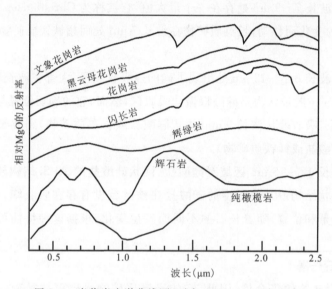

图 2.3　岩浆岩光谱曲线图(引自 Clark,1999,有改动)

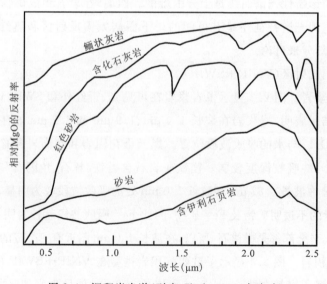

图 2.4　沉积岩光谱(引自 Clark,1999,有改动)

(3)变质岩。图2.5展示了典型变质岩实验室光谱特征。Fe^{3+}的宽波段吸收特征非常明显(如透闪石)。水和羟基(1.4 μm和1.9 μm)的吸收特性在片岩、大理岩和石英岩中都得以体现。大理岩表现出的是CO_3^{2-}的吸收波段(1.9 μm和2.35 μm)。

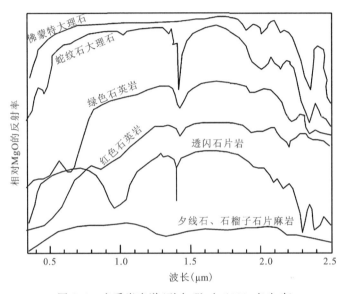

图2.5 变质岩光谱(引自Clark,1999,有改动)

(4)蚀变区。作为岩矿勘查非常重要的标志,蚀变区经常含有大量的矿物,如高岭石、蒙脱石、绢云母、白云母、黑云母、绿泥石、绿帘石、叶蜡石、明矾石、沸石、石英、钠长石、针铁矿、赤铁矿、黄钾铁矾、金属氧化物、方解石、其他碳酸盐、阳起石、滑石等。这些变质矿物可以划分为5类。

石英+长石(骨架硅酸盐):在VNIR+SWIR区没有光谱特征,它们的存在导致反射率的增加。

黏土(片状硅酸盐):以波长2.1~2.3 μm处的吸收波段为特征。

碳酸盐:在波长1.9 μm和2.35 μm处具有波段吸收特征。

水与金属氢氧化物:在波长1.4 μm和1.9 μm处具有波段吸收特征。

铁氧化物:在VNIR波段区间可能会出现波段吸收特征。

2)热红外区

在自然界中,矿物在热红外区的光谱呈现出加性特征。因此,根据相对矿物的含量,岩石光谱是可以解译的。按照SiO_2含量递减的顺序从上到下对岩浆岩类型及其热红外光谱进行排列,图 2.6 所示。从图中可以看出,最小发射波段中心波长的位置从花岗岩的 9 μm 移动到橄榄石的 11 μm。这是矿物集合体的硅酸根吸收波段的移动造成的,这些矿物集合体组成了岩浆岩中占主要成分的硅酸盐。

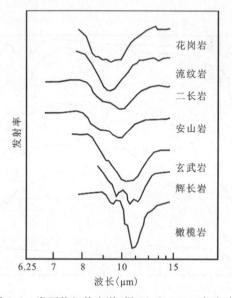

图 2.6　岩石热红外光谱(据 Clark,1999,有改动)

3. 岩矿光谱的影响因素

岩石是矿物的集合体,其光谱曲线受以下几个主要因素的影响(陈述彭等,1998)。

(1)矿物。一般而言有线性混合、致密混合、覆盖、分子混合 4 种混合类型。线性混合的特点是在视场中的物体能被光谱区分,在成分之间没有多向散射,这种结合后的信号是简单的组分所占的面积比例与响应光谱的乘积之和,又称为面积混合。当散射表面的不同物质致密结合在一起时,如土壤或岩石中的矿物颗粒,就会产生致密混合,结果信号是非线性端元光谱组合,它取决于每种组分的光学属性。覆盖是当一种物质覆盖在另一种物质之上时,每一层覆盖就是散射/透射层,它的光学厚度随着物质的属性与波长而发生变化。分子混合是发生在分子级别的混合,如两种液体的混合或者液体与固体的混合,成分之间的紧密结合引起被吸收物体的波段移动,如蒙脱石夹层中的水与植被中的水。

(2)粒度。颗粒散射与吸收光子的数量决定于颗粒大小。大颗粒具有较长的内部路程,根据比尔定律光子很可能被吸收。表面的反射与内部的不均一化决定了散射现象的发生。小颗粒表面反射的比例比内部光程的比例大,或者说,表面与体积的比值是颗粒大小的函数。如果多向散射占据主体(在可见光与近红外区间比较常见),反射率随着粒度的增加而减小,如辉石。然而,在中红外区间,吸收系数很高,折射指数在 Christensen 频率变化很大,第一层的反射在散射信号中占据主体。在这些情况下,颗粒大小的影响是非常复杂的,在短波处出现相反的规律。

(3)颜色。颜色主要影响反射率和发射率的大小,对物质的吸收光谱特征基本上没有影响。一般而言,深颜色的岩石以暗色矿物为主,反射率低,发射率较浅色同类岩石高;相反,浅颜色的岩石反射率高,发射率低。

(4)地表覆盖。由于光学遥感的穿透深度在 50 μm 左右,因此表面覆盖对反射光谱有很大的影响。实验证明,当地表植被覆盖达 40% 时,植被的特征将覆盖岩石特征成为该像元的代表性地物。

(5)风化。风化作用的影响比较复杂,随着化学风化作用的加强,岩石成分会发生变化,如 Fe^{2+} 氧化为 Fe^{3+} 从而使铁离子的谱带位置发生漂移,强度有所增减;但阴离子基团对应的谱带位置、波形和偏倚度均较为稳定。风化生成的蚀变矿物使羟基和水的谱带得到加强。莱昂(1996a,b)研究了风化及其他类荒漠漆表面层对高光谱分辨率遥感的影响后,认为由于风化与下伏岩层之间光谱特征有时并不完全相同,必须将"岩石内部"物质的光谱和它的"上下表面"光谱区分开来。对于 SWIR 光谱具有很强吸收特征的岩石,如含有滑石、绢云母等矿物的岩石与铁氧物质表面层相比更能表现出岩石的真实特性。

(6)大气。大气对岩石光谱的影响作用主要是通过其对太阳辐射的影响而产生的。大气对太阳辐射的主要作用包括吸收、散射和辐射。大气中的水汽、氧、臭氧、二氧化碳及固体杂质等,对太阳辐射选择性吸收;大气中的分子、尘埃、云层等对太阳辐射产生散射作用。但散射不像吸收那样把辐射转变为热能,它只是改变辐射的方向,其中云层的反射作用最大。在热红外遥感中,大气本身也会产生辐射,它包括上行辐射和下行辐射。其中,下行辐射的作用使地面因放射辐射而耗损的能量得到一定程度的补偿,而上行辐射对传感器端的辐射亮度产生加性作用的影响。

大气校正方法按照校正后的结果可以分为直接大气校正法和间接大气校正法两种类型(郑伟和曾志远,2004)。直接大气校正法是指根据大气状况对遥感图像测量值进行调整,以消除大气影响。大气状况可以是标准的模式大气或地面实测资料,也可以是由图像本身进行反演的结果。间接大气校正法是指对一些遥感常用函数,如 NDVI 进行重新定义,形成新的函数形式,以减少对大气的依赖,这种方法不必知道大气各种参数。直接大气校正法主要是利用辐射传输模型进行的大气校正,它们包括 6S 模型、LOWTRAN 模型、MORTRAN 模型和 ATCOR 模型。而间接大气校正法主要包括暗像元法、不变目标法、直方图匹配法、参考值大气校正法和大气阻抗植被指数法。

(7)地形。由于岩性提取地区大部分在山地丘陵地带,地形起伏使相同的地物影像呈现出不同的亮度值,这不仅会给影像准确分类带来困难,也会影响地表反射率反演的精度。地形对遥感图像的主要影响因素包括阴影和大气作用。大气模拟的结果表明,相对高空的大气影响而言,地表附近的大气影响非常严重,大气对不同高度地形所产生的影响差别很大。因此,消除地形影响应从阴影和大气两个方面来进行。目前主要的地形校正方法包括 C 校正方法及其改进(黄微等,2005)、地形均衡模型(王颖等,2004)、6S 与 DEM 结合的地形校正方法(武瑞东,2005)等。

2.2.2 金属矿产资源高光谱遥感

高光谱遥感又称高光谱分辨率遥感,它是一种用很窄而连续的光谱通道对地物持续遥感成像的技术。在可见光到短波红外波段,其光谱分辨率高达纳米(nm)数量级,光谱通道数多达数十甚至数百个以上,而且各光谱通道间往往是连续的,因此高光谱遥感通常又被称为成像光谱遥感。

按照波段数目,成像光谱仪可以划分为高光谱成像仪(波段数小于1000,一般在100～200)和甚高光谱成像仪(波段数在 1000～10 000)。后者多为研究大气化学成分而研制的,遥感使用的大多为高光谱成像仪。高光谱成像仪可以划分为星载光谱仪、机载光谱仪和地面光谱仪。星载光谱仪主要包括 MODIS、ARIES、HYPERION、HS、FIHSI、COIS、UVISI、VIMS、PRISM、GF-5(吴培中,1999);机载成像光谱仪包括 AIS、AVIRIS、GER、DAIS、ASDIS、FLI/PM1、CASI、ROSIS、AMSS、HyMap、FIMS、MAIS、OMIS、PHI 等(赵英时,2003);地面光谱仪主要包括 ASD FieldSpec FR、Micro-Hyperspec、PMI-MASTER Smart 等。

高光谱遥感的特点如下。

(1)波段多、光谱连续、光谱分辨率高。相对多光谱的几个或十几个波段而言,高光谱数据一般都有几十个、上百个以上的波段,波段数的增加一方面使地物的光谱特性得到很好的体现,另一方面也使光谱变得非常连续,从而使利用光谱直接进行地物识别成为可能。

(2)图谱合一、数据量大、数据维为三维。众多的波段数决定了高光谱遥感数据具有庞大的数据量,这对数据的传输、保存与应用提出了难题,数据压缩技术在高光谱数据中显得尤为重要。不同于多光谱的另一点是:高光谱数据的维数为三维,图谱合一是高光谱数据的重要特点,可以直接从图像中读取像元光谱,并利用其进行目标提取。巨量的三维数据对高光谱卫星的数据传输、存储等造成巨大压力,导致其覆盖的范围较少,这也是高光谱遥感数据不能得以广泛应用的瓶颈问题之一。

(3)成本高。相对多光谱遥感数据而言,高光谱传感器对各通道的灵敏度要求较高,导致其研制成本较高。高光谱卫星少、空间分辨率低,是高光谱遥感数据不能得以广泛应用的瓶颈问题之一。

(4)对算法的要求高。波段窄、波段数多、光谱连续是高光谱遥感数据进行定量化目标识别的重要保障,地物间的高光谱曲线特征主要表现在波形上,这是利用波形特征进行目标提取的算法在高光谱遥感中得以广泛应用的原因之一。高光谱遥感数据的特点表明,只有充分考虑了波形特征的快速目标算法才有可能在高光谱遥感目标提取中得到广泛使用,因此,新算法要充分考虑光谱的波形特征参数及其运算速度,这样才能提高其适用性。

高光谱遥感已被广泛应用于岩性、矿物、构造等成矿信息的提取,是金属矿产资源精细化定量遥感的主要手段之一。种绍龙(2020)基于偏最小二乘法进行的高光谱遥感地质岩性反演更加简便且精度较高,可为研究区地层岩性判别和矿产勘查提供借鉴;刘德长等(2018)利用航空热红外成像系统,探索了石英脉—硅化带提取与区分,解决了地质找矿中石英脉—硅化带的提取与区分这一具普遍性的关键技术难题,取得了明显的找矿效果;赵佳琪(2020)利用 CASI-SASI-TASI 高光谱遥感数据对矿集区蚀变信息、岩性、构造等成矿有利信息进行了提取和分析,结果表明高光谱遥感数据可在找矿预测中发挥重要作用;宿虎等(2020)利用高分五号高光谱遥感数据开展了遥感找矿研究,结果表明高分五号卫星高光谱数据可对岩矿类别、蚀变矿物等进行有效探测,为区域地质调查、金属矿产资源勘查等行业提供可靠优质的高光谱数据,在地质矿产领域具有广阔的应用前景。

2.2.3 金属矿产资源多光谱遥感

多光谱遥感系统一般是指传感器的波段数从几个到十几个的遥感系统(图 2.7)。当前,主要的多光谱遥感系统包括 LandSat、ASTER、NOAA/AVHRR 与风云气象卫星、SPOT、IRS、IKONOS、QuickBird、GF 系列、可持续发展卫星(SDGSAT)等,它们的数据特点如下。

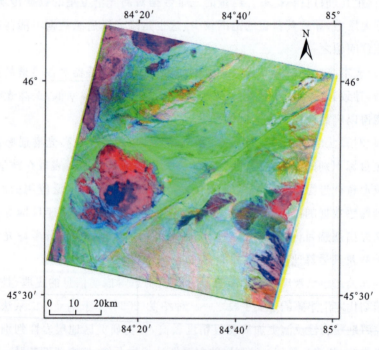

图 2.7 多光谱遥感图像

(1)波段少、带宽较宽。相对高光谱而言,多光谱遥感的波段数较少、带宽较宽(40~1000nm)。虽然多光谱传感器的波段数很少,但是它们都是针对应用目标精挑细选后确定下来的,所以,对特定目标具有较高的敏感度。较宽的波段宽度可以使传感器获得来自研究目标反射或发射光子的数量,从而增加目标与背景地物间的对比度。

(2)数据量小、数据维数为二维。由于数据的波段数少,相对高光谱图像而言,多光谱图像数据量小、易于传输、保存与处理。它的图像为二维图像,不能直

第 2 章 金属矿产资源遥感的基本原理

接从图像中提取像元光谱,但是可以在进行配准后提取相应的光谱信息。

(3)成本低。和高光谱成像光谱仪相比,多光谱数据为卫星平台,对传感器灵敏度的要求不像高光谱那么高,也不需要产生高昂的航空飞行费用。因此,成本低是其明显的优势,这也是多光谱遥感数据得以广泛应用的原因之一。

(4)多时相、覆盖范围广、数据丰富。因为数据量小,多光谱遥感可以实现全时段的数据获取、传输与存储,所以,多光谱遥感数据具有多时相、覆盖范围广、数据丰富的优势。多光谱数据经常被用于大面积的宏观信息提取,如 TM 影像经常被用于提取地质构造带的空间分布情况。

(5)对算法的要求相对较低。因为波段少,地物光谱的细微波形差异在多光谱数据中不能得到很好的体现,所以,多光谱中的地物光谱差异更多地表现在谱带强度上。这也是利用谱带强度参数进行目标提取的算法被广泛应用于多光谱遥感中的原因之一。相对高光谱遥感数据而言,它的数据量较小,目标提取算法的运算速度对其没有太大的影响,因此,多光谱遥感中的目标提取算法对运算速度的要求没有像高光谱遥感那样突出,这是那些利用数理统计进行目标分类的算法在多光谱遥感数据中得到广泛应用的原因之一。多光谱遥感数据的特点决定了只有充分考虑谱带强度差异的目标提取算法才能在多光谱遥感中得到广泛应用,因此,充分利用谱带强度差异是提高新算法适用性的要求。

金属矿产资源多光谱遥感因其数据量小、数据获取与存储方便、多时相动态监测性能好等优势,在金属矿产资源遥感,尤其是在金属矿产资源先期勘察阶段占主导地位。周家晶和赵英俊(2020)建立了基于光谱色度差增强岩性信息的方法,并将其应用到 WorldView-2 多光谱遥感数据中,取得了很好的岩性信息增强效果;朱明永等(2020)在对 Worldview-2 与 Landsat-8 OLI 数据进行协同处理的基础上,通过支持向量机对江尕勒萨依地区的岩性进行分类,结果表明相比于单一原始影像,经协同处理的遥感影像分类精度更高,研究结果对艰险地区的区域地质调查工作具有一定的指导意义。

2.2.4 金属矿产资源雷达遥感

雷达遥感是一种主动微波遥感,具有不依赖太阳光照及气候条件的全天时、全天候对地观测能力,并对云雾、浅层植被、地表土层具有一定的穿透性。雷达遥感采用的波长为 1mm～1m(频率 300MHz～300GHz)。微波是由物质的分子旋转和翻转、电子自转与磁场之间的相互作用引起的,这就确定了雷达遥感对观测目标的结构和介电性质的敏感性。此外,通过调节最佳观测视角,其成像的立体效应可以有效探测目标地物的空间形态及结构,进而增强地形地貌信息。雷达遥感的特点如下。

(1)全天时、全天候对地观测能力。雷达遥感的显著特点是主动发射电磁波,具有不依赖太阳光照及气候条件的全天时、全天候对地观测能力,并对云雾、小雨、植被及干燥地物有一定的穿透性。

(2)对介电常数和粗糙度较为敏感。在雷达遥感的发展过程中,单波段、单极化及多波段、多极化雷达图像在地质学中应用非常广泛,在岩性识别、构造分析、矿产调查、区域地质填图中都取得了重要的认识与发现,给传统的地质学带来了新的活力。

各类岩石物理化学性质及成分上的差异,不仅使岩石具有不同的介电常数,而且经过长期的风化、剥蚀作用,岩石表面呈现出各自复杂的几何形状和表面粗糙度,为雷达识别岩性提供了可能。

(3)具有一定的穿透性。雷达遥感具有的独特穿透性,使其可以透过覆盖表面的薄层砂石,观测到薄层砂石底部的情况,进而为识别浅覆盖层下的地质现象提供了不可替代的科技手段。

这些独特的优势,使雷达遥感在构造分析、地形地貌分析、岩性地层划分及隐伏地质现象探测等方面得到了更为广泛的应用和深入发展(杨涛等,2010;颜蕊,2006;谭衢霖和邵芸,2003)。郭华东(2000)对利用航天飞机成像雷达获取的内蒙古阿拉善高原地区的图像进行了分析,发现沙带通过的基岩区仍清晰地呈现一亮回波体,并显示了其内部的断裂构造;潘超等(2020)利用 Sentinel-1A SAR 数据获取了成都市主城区的地面形变信息;刘夯(2016)利用雷达对植被具有一定的穿透能力这一特性,来提取斑岩型铜矿的遥感找矿信息,并以此建立了基于 SAR 数据的斑岩型铜矿遥感找矿模型。

鉴于以上优势,雷达被广泛应用于锰矿(王郁和杨景元,2002)、铀矿(李美玉,2017;黄贤芳等,2000)、斑岩型铜矿(刘夯,2016)等金属矿产资源调查中。

2.2.5 多源数据融合

SAR 图像在构造分析、地形地貌分析、岩性地层划分及隐伏地质现象探测等方面具有优势且被广泛应用,但仅仅利用雷达影像的灰度特征差异判别地物存在一定的不足,需与光学影像、地球物理、地球化学、地质等资料相结合,以提高利用效率(龙亚谦,2014)。

雷达与光学影像相结合可以丰富遥感找矿信息,提高遥感找矿的精度。已有研究表明,雷达图像具丰富的纹理结构信息,如地质体边缘明显、界线轮廓清晰、大型地质构造易于解译,并能发现新的细微构造。而光学遥感中,利用丰富的光谱信息提取矿物蚀变具有一定的优势,且技术已比较成熟。虽然都从两类数据源中分别提取纹理信息和波谱异常信息,但各有所侧重。波谱异常信息以从光学遥感中提取为主,从雷达遥感中提取为辅,而纹理信息则以从雷达遥感中提取为主,从光学遥感中提取为辅,这样可以优势互补,相互验证,通过丰富遥感找矿信息来提高遥感找矿的精度(崔舜銚,2019;赵珍梅等,2007;黄贤芳等,2000)。

雷达与地球物理、地球化学、地质等资料相结合,可以提高成矿地质条件综合分析的精度。随着找矿工作向深部找矿和综合找矿的纵深发展,遥感信息和其他地学数据的综合处理和综合应用已成为遥感地质纵深发展的方向之一。多源地学数据的综合图像处理正受到越来越广泛的重视。通过雷达提取的遥感找矿信息与地质、地球物理、地球化学等信息的复合分析,不仅可以进行综合评价,还有助于查明深部岩矿建造情况(韩最蛟等,1996)。

总之,结合光学和雷达遥感图像中的光谱、纹理结构等信息,并融合地球物理、地球化学、地质等资料,对提取岩性、构造、蚀变矿物等遥感示矿信息,并最终圈定靶区等工作具有重要作用。

第3章 金属矿产资源遥感探测技术

本章主要从数据获取、处理与遥感示矿信息提取等方面介绍了金属矿产资源遥感探测技术,为构建金属矿产遥感找矿模型提供技术支撑。

3.1 金属矿产资源遥感数据获取与处理技术

根据金属矿产资源遥感探测的基本原理,岩石和矿物主要在短波红外和热红外波段区间具有光谱吸收或反射特征。获取的数据类型及其处理方式也与其他应用领域具有显著差别。

3.1.1 遥感数据获取

金属矿产资源遥感数据获取就是根据金属矿产资源类型所需要的时间(时相)、地点(区域)、空间分辨率和光谱分辨率情况,选择相应的遥感平台获取遥感数据,并对这些原始数据进行系统校正等预处理。系统校正一般在地面接收站或航空数据获取平台根据载荷相应的姿态参数,利用专用软件进行处理。一般而言,刚获取的未经成像处理的原始信号数据为0级数据,经过系统辐射矫正的成像数据为1级数据,经过系统几何矫正的数据为2级数据。

常用的金属矿产资源遥感数据主要包括 LandSat 系列、Spot 系列、ASTER、Hyperion、GF 系列、资源卫星系列、实践卫星系列、Cbers、Ikonos、QuickBird、Worldview 等。用户可以根据研究区的面积、矿种、岩矿信息对波段和空间分辨率等的要求,选用一个或多个遥感数据类型。

3.1.2 遥感数据处理技术

遥感数据处理技术主要包括几何校正、图像融合、反射率和发射率反演等,目的是纠正图像的几何偏差、提高空间分辨率,并将 DN 值图像反演为具有物理意义的地物参数(如反射率、发射率等)图像,为金属矿产资源信息提取提供基础图件。

1. 几何校正

几何校正是指通过一系列的数学模型来改正和消除原始图像上的几何位置、形状等与在参照系的表达要求不一致时产生的变形。

几何校正主要包括系统校正、利用控制点校正以及混合校正。所采用的方法主要包括物理模型法、多项式法、三角测量法、自动纠正法等。有关介绍几何校正的原理方面的书籍很多(赵英时,2003;汤竞煌和聂智龙,2007;王学平,2008)。很多遥感图像处理软件,如 ArcGIS、ENVI 中都实现了上述算法,这使得几何校正更加方便和快捷。

2. 图像融合

图像融合是指将多个波段所采集到的关于同一目标的图像数据经过图像处理,最大限度地提取各自波段中的有利信息,最后综合成高质量的图像,以提高图像信息的利用率,提升原始图像的空间分辨率和光谱分辨率,从而有利于金属矿产资源遥感探测。融合类型主要包括数据级融合、特征级融合和决策级融合。

1)数据级融合

数据级融合也称像素级融合,是指直接对传感器采集来的数据进行处理而获得融合图像的过程。这种融合的优点是尽可能多地保持原始数据,是一种常用的数据融合方法,主要包括空间域算法和变换域算法。空间域算法中又有多种融合规则方法,如逻辑滤波法、灰度加权平均法、对比调制法等。变换域算法中又有金字塔分解融合法、小波变换法、傅里叶变换法等。其中,小波变换是当前最常用的方法。在遥感数据处理软件中,如 ENVI 等提供的 PanSharp(全色波段增强)算法,经常被应用于图像像素级融合中。在运算过程中,一般采用 Gram-Schmidt(GS)变换、PCA 变换、HSV(hue saturation value)变换、Color Normalized(Brovey)变换等。

下面以使用较多的 GS 变换为例,介绍遥感图像的融合过程。GS 变换是一种多维线性正交变换,可以消除冗余信息,其基本流程如下(张涛等,2015)。

首先对低空间分辨率影像进行 GS 变换,公式为

$$\mathrm{GS}_n(i,j) = [B_n(i,j) - \mu_n] - \sum_{l=1}^{n-1}[\phi(B_n, \mathrm{GS}_l) \times \mathrm{GS}_l(i,j)] \quad (3.1)$$

$$\mu_n = \frac{\sum_{j=1}^{N}\sum_{i=1}^{M} B_n(i,j)}{M \times N} \tag{3.2}$$

$$\phi(B_n, GS_l) = \left[\frac{\sigma(B_n, GS_l)}{\sigma(GS_i, GS_l)}\right] \tag{3.3}$$

式中：GS_n 为经 GS 变换后的第 n 个正交分量；B_n 为原始低空间分辨率遥感影像第 n 波段；μ_n 为原始低空间分辨率遥感影像第 n 波段像元灰度值的均值；$\phi(B_n, GS_l)$ 为原始低空间分辨率影像第 n 波段与 GS_l 之间的协方差；i 和 j 分别为原始低空间分辨率影像的行数和列数；M 和 N 分别为整幅影像的行数和列数。

然后用高空间分辨率影像替换 GS 变换后的第 1 分量，即 GS_l 分量后，通过下式对上述替换后的数据集进行 GS 逆变换，完成低空间分辨率影像与高空间分辨率影像融合。

$$B_n(i,j) = [GS_n(i,j) + \mu_T] + \sum_{l=1}^{n-1}[\phi(B_n, GS_l) \times GS_l(i,j)] \tag{3.4}$$

2）特征级融合

顾名思义特征级融合是在提取多源遥感图像中所具有的特征信息（如边缘特征、区域特征、光谱特征等）的基础上，进行特征信息的定位、关联等处理后，融合形成特征矢量的过程。常用的算法主要包括图像特征聚类分析法、信息熵法、表决法以及神经网络法等（周波，2012）。

3）决策级融合

决策级融合是对图像特征信息进行分类、识别等处理后的结果图件进行融合的过程。一般采用投票法，也就是通过投票的方式来决定分类器输出结果不一致时的模式类别的确定问题，如最大似然分类器、贝叶斯法、证据法和表决法等（许凯等，2009）。

3. 反射率反演

在可见光—近红外区，反射率是物体的一种内部属性，与太阳照射条件、坡度、传感器及大气状况无关。图像中的每个像元的值代表了 0~255 中的一个亮度值，254 代表了最大亮度，255 与传感器的饱和度有关，根据 DN 值计算反射率的步骤如下。

(1) 计算辐射亮度值

$$L = (DN - 1) \times \beta \tag{3.5}$$

式中：DN 为图像中的像元值；β 为每个波段定标系数。

(2)大气校正。在得到辐射亮度值后,使用 Modtran4.1 软件模拟成像时的大气状况并计算出波段辐射亮度值。在模拟大气状态时,Modtran 将它看作是几个均一的层并且根据每个层的温度、压力和分子组成都可以单独进行模拟,在给出观测路径的情况下,Modtran 计算每个层中组成分子的吸收率并对它们进行加和。在 Modtran 内部,它以 1 个波数(cm^{-1})的方式计算所有的内容。然后,使用几个已经存在的核或波谱响应函数对计算结果进行重采样或平滑。有关 Modtran 中相关参数的设定请参考 Modtran 用户手册。根据设定的大气参数,计算各波段的大气辐射亮度值,利用第一步求出的各波段辐射亮度减去模拟出的大气辐射亮度结果就可以得到大气校正后的辐射亮度结果。

(3)计算反射率。根据下式计算对应辐射亮度的反射率。

$$\rho = \frac{\pi L_\lambda d^2}{E \operatorname{sun}_\lambda \cos \theta_s} \tag{3.6}$$

式中:θ_s 为太阳天顶角,它与太阳高度角成余角关系;L_λ 为对应某波长 λ 的辐射亮度值;d 为成像时日地相对距离,它根据表 3.1 查询得出;$E\operatorname{sun}_\lambda$ 为大气层之外的太阳平均辐照度,它随着波长的不同而发生变化。

表 3.1 日地距离表

天数序号	距离	天数序号	距离	天数序号	距离	天数序号	距离	天数序号	距离
1	0.983 2	74	0.994 5	152	1.014 0	227	1.012 8	305	0.992 5
15	0.983 6	91	0.999 3	166	1.015 8	242	1.009 2	319	0.989 2
32	0.985 3	106	1.003 3	182	1.016 7	258	1.005 7	335	0.986 0
46	0.987 8	121	1.007 6	196	1.016 5	274	1.001 1	349	0.984 3
60	0.990 9	135	1.010 9	213	1.014 9	288	0.997 2	365	0.983 3

4. 发射率和温度反演

在热红外区,发射率是物质的一种属性并取决于辐射能量通量、成分与表面几何形态等因素,与反射率或颜色(光谱特征)密切相关。已经证明,组成地壳的重要成分 SiO_2 的含量与发射率的大小有相反关系(在 8~14 μm 区间)。因此,SiO_2 的含量将大大影响矿物集合体的总发射率。另外,光滑表面较粗糙表面有较低的发射率。在宽波段热测量中,侧向发射率的变化一般将被忽略,而在多光谱热红外遥感中,注意力大多集中在探测侧向发射率的变化上,它代表了岩石成分的变化。不同岩石具有不同的发射率,其数值随着波长的改变而发生变化,主要是由造岩矿物的原子振动激发产生的。一般采用Gillespie的温度与发射率分离算法(temperature and emissivity separation algorithm,TES)进行地物发射率及地表温度的计算(Gillespie et al.,1998),其基本原理如下。

一个物体热辐射的强度可以根据普朗克黑体定律来描述,其公式为

$$L_{BB}(\lambda, T) = \frac{2hc^2/\lambda^5}{\exp(hc/\lambda kT) - 1} \tag{3.7}$$

式中:λ 为波长;T 为温度;h 为普朗克常数(6.626×10^{-34} J·S);c 为光速(2.998×10^8 m/s);k 为波尔兹曼常数(1.381×10^{-23} J/K);L_{BB} 为光谱辐射亮度(Wm^{-2}sr^{-1}m^{-1})。

传感器端的辐射亮度公式为

$$L_j(A/C) = L_j(\text{surf})\tau_j + L_j(\text{atm}\uparrow) \tag{3.8}$$

式(3.8)中的大气透过率 τ_j 和上行辐射亮度 L_j 可以通过大气辐射传输模型Modtran4.1来计算。每个地面像元的光谱辐射亮度 $L_j(\text{surf})$ 的公式为

$$L_j(\text{surf}) = \varepsilon_j L_{BB}(\lambda_j, T_{\text{grd}}) + (1 - \varepsilon_j) L_j(\text{atm}\downarrow) \tag{3.9}$$

式中:$L_{BB}(\lambda, T)$ 为普朗克公式计算的黑体辐射亮度;λ_j 为第 j 波段的中心波长;$L_j(\text{atm}\downarrow)$ 为模拟的大气下行辐射亮度值,它是角度的函数并在半球内积分得到。

接下来的问题是在未知地表温度(T_{grd})的情况下,如何将这些辐射亮度与地表发射率联系起来。

式(3.9)表明,如果观测了 n 个光谱波段的辐射亮度值,那么就有 $n+1$ 个未知数,即 n 个发射率和地表温度。这样,需要增加额外的信息来提取温度或发射率信息。TES算法使用发射率与多波段观测值的最小值之间的经验拟合关系进行反演。在预先假定发射率数值 ε(典型数值是0.98)的前提下,所计算的绝对温度 T 是 n 个光谱波段中的最大值。之所以将 ε 值假定为0.98,是因为地表地物类型如植被、雪、水、土壤和岩石的发射率都可以在 ±0.03 的范围之内。相对发射率 β_j 是计算后的辐射亮度(L_j)与所有波段辐射亮度平均值的商,即

$$\beta_j \equiv \frac{L_j/L_{BB}(\lambda_j, T)}{L/L_{BB}} \tag{3.10}$$

式中:L_j 为大气上行辐射和下行辐射矫正后的辐射亮度。在理论上,β_j 的范围很

广。然而,由于发射率值固定在 0.7~1.0 之间,比值的范围就限制在 0.7~1.4 之间。β_j 的值给出了一个温度独立指数,它可以与实验室/野外测量的自然物体的数据相匹配。在 TES 方法中,最大与最小值的差(MMD=max(β_j)−min(β_j))与最小发射率之间存在一定的关系,实验室测定的 ε_{min} 与 MMD 之间的关系式为

$$\varepsilon_{min} = 0.994 - 0.687 \times MMD^{0.737} \tag{3.11}$$

根据式(3.10)和式(3.11)可以计算出发射率,即

$$\varepsilon_j = \beta_j \left[\left(\frac{\varepsilon_{min}}{\min(\beta_j)} \right) \right] \tag{3.12}$$

根据式(3.12),计算出新的温度为

$$T = \max(T_b), \quad T_b = \frac{c_2}{\lambda_b} \left[\ln\left(\frac{c_1 \varepsilon_{max}}{\pi R_b \lambda_b^5} + 1 \right) \right]^{-1} \tag{3.13}$$

式中:$c_1 = 2\pi hc^2 (3.74 \times 10^{-16} \text{Wm}^2)$,$c_2 = hc/k (1.44 \times 10^4 \mu\text{mK})$;$T_b$ 为第 b 个波段的温度;λ_b 为第 b 个波段的中心波长;R_b 为第 b 个波段的辐射亮度。

这样的过程一直持续,直到结果符合设计的要求,它一般持续 2 个或 3 个迭代。这种方法的局限性在于数值很小的 MMD 受仪器噪声和大气矫正质量的影响,并将直接影响 ε 的最大值。

3.2 金属矿产资源遥感示矿信息提取技术

大多数金属矿产资源的成矿与岩性、构造、蚀变矿物和元素异常有关。因此,岩性、构造、蚀变矿物和元素异常成为金属矿产资源遥感的重要示矿信息,在靶区圈定过程中起关键作用。对这些示矿信息的提取技术,也关系到遥感找矿的精度和效率,在金属矿产资源遥感中发挥着举足轻重的作用。现对它们进行逐项介绍如下。

3.2.1 岩性信息遥感提取技术

岩性是指反映岩石特征的一些属性,如颜色、成分、结构、构造等。岩石是天然产出的,由一种或多种矿物组成的固态集合体。它是组成地壳及地幔的固态部分。根据成因,岩石可分为沉积岩、火山岩和变质岩。在不同类型的岩石中,可以产出不同的金属矿产,如在沉积岩中常产出铀矿、锰矿,而在火山岩和变质岩中,常产出铁、铜、金、铅锌等。

1. 主成分变换

岩性信息的遥感提取技术很多,主成分变换是最常用的一种技术。主成分变换是为降低波段数据间的相关性提出的。它以选择波段间方差最大为原则,达到降维、数据压缩和信息分离的目的,具有变换前后总信息量不变的特点,这为解释变换结果提供了依据(杨自安,2003;甘甫平等,2002)。通过对变换后的波段进行假彩色合成,突出岩性不同于背景的色调特征。

主成分变换的主要步骤如下:

(1)将原始数据按行排列组成矩阵 $\boldsymbol{X}$。

(2)对 $\boldsymbol{X}$ 进行数据标准化,使其均值变为零。

(3)求 $\boldsymbol{X}$ 的协方差矩阵 $\boldsymbol{C}$。

(4)将特征向量按特征值由大到小排列,取前 k 个按行组成矩阵 $\boldsymbol{P}$。

(5)通过计算 $\boldsymbol{Y}=\boldsymbol{PX}$,得到降维后数据 $\boldsymbol{Y}$。

(6)用下式计算每个特征根的贡献率 V_i。

$$V_i = x_i/(x_1 + x_2 + \cdots)$$

根据特征根及其特征向量解释主成分物理意义,利用其提取的新疆包古图岩性信息效果如图 3.1 所示。

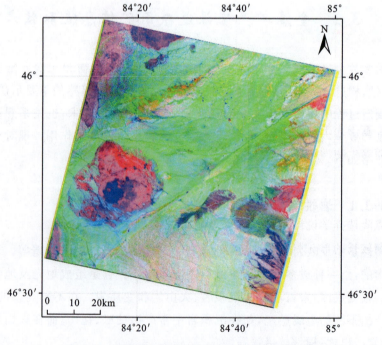

图 3.1 新疆包古图岩性信息的 PCA 提取效果图

2. 光谱能级匹配法

光谱能级匹配法(spectral energy level matching,SEM)是谱带强度与波形特征相结合的产物,它主要包括平均谱带强度相似度和光谱波形特征相似度两部分。平均谱带强度相似度是参考光谱与像元光谱间的平均谱带强度相对误差与1的差值,反映了参考光谱与像元光谱间的总体相似性。光谱波形特征相似度是分别对参考光谱与像元光谱排序后,相同波段位置的个数与总波段数的比值,它反映了参考光谱与像元光谱之间的局部波形的相似性。总相似度是谱带强度相似度与波形特征相似度的乘积,反映了图像像元光谱与参考光谱间的总相似度(王钦军,2006)。

通过在图像上选取与成矿关系密切的已知岩性光谱,并利用该算法提取研究区类似岩性,对其进行突出显示,达到突出重点成矿岩性的目的,利用其提取阿尔金重点示矿岩性的效果如图3.2所示。

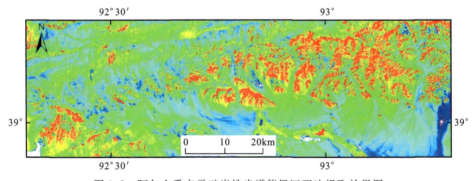

图3.2　阿尔金重点示矿岩性光谱能级匹配法提取效果图

3. 基于人工独特型网络模型的岩性分类技术

随着生物学和遗传学的进一步发展,特别是在免疫学的发展对自身免疫、免疫耐受等现象的发现和启示下,Burnet等(1970)提出了著名的克隆选择学说,成为近几十年来在免疫学中占主导地位的学说。

克隆选择学说认为,淋巴细胞除了扩增或者分化成浆细胞以外,也能分化成生命期较长的B记忆细胞。这些记忆细胞中的信息编码组成免疫系统记忆,使系统能学习、记忆蛋白质结构,当再次遇到相应的抗原时,为清除已经刺激初次应答的相应的特异抗原,记忆细胞将预先被免疫系统选择出来,并迅速活化、增殖、分化为效应细胞,执行高效而持久的免疫功能。免疫过程中所体现出的学习、记忆、抗体多样性等生物特性为人工免疫系统所借鉴。克隆选择算法严格区分了抗体和 B 细胞。

克隆选择学说的中心思想是:抗体是天然产物,以受体的形式存在于细胞表面,抗原可与之选择性反应。抗原与相应抗体受体的反应可导致细胞克隆性增殖,该群体具有相同的抗体特异性,其中一些细胞克隆分化为抗体细胞,另一些形成免疫记忆细胞以参加之后的二次免疫反应。此外该学说认为,免疫耐受是自身抗原或者胚胎成熟过程中引入的抗原所致的"克隆流产"。由于免疫克隆算法是模拟脊椎动物免疫系统的克隆选择模型而设计的一种新的计算智能方法,与遗传算法一样,免疫克隆算法具有坚实的生物学基础。同样依靠编码来实现与问题本身无关的搜索,并表现出更好地解决问题的潜力。

考虑以 $\boldsymbol{X} = \{x_1, x_2, \cdots, x_n\}$ 为变量的优化问题(P):$\max\{f(e^{-1}(\boldsymbol{A})):\boldsymbol{A} \in I\}$,$\boldsymbol{A} = a_1 a_2 \cdots a_l$ 是变量 $\boldsymbol{X}$ 的抗体编码,记为 $\boldsymbol{A} = e(\boldsymbol{X})$,$\boldsymbol{X}$ 称为抗体 $\boldsymbol{A}$ 的解码,记为 $\boldsymbol{X} = e^{-1}(\boldsymbol{A})$,$I$ 成为抗体空间,f 为 I 上的正实数函数,成为抗体—抗原亲和度函数。变量 $x \in [d, u]$ 对于二进制代码采用的译码方式为

$$x_i = d + \frac{u-d}{2^l - 1}\left(\sum_{j=1}^{l} a_j 2^{j-1}\right) \tag{3.14}$$

单克隆选择算子包括 3 个步骤,即克隆、免疫基因和免疫选择。由亲和度诱导的抗体随机映射。抗体种群空间

$$I^n = \{\boldsymbol{A}:\boldsymbol{A} = [\boldsymbol{A}_1 \quad \boldsymbol{A}_2 \quad \cdots \quad \boldsymbol{A}_n], \boldsymbol{A}_k \in I, 1 \leqslant k \leqslant n\} \tag{3.15}$$

1)克隆操作 T_c^C

克隆算子的实质是在一代进化中,在候选解附近,根据亲和度的大小,产生一个新的子群,而扩大了搜索范围,定义为

$$\begin{aligned}\boldsymbol{A}'(k) &= [\boldsymbol{A}'_1(k) \quad \boldsymbol{A}'_2(k) \quad \cdots \quad \boldsymbol{A}'_n(k)]^\mathrm{T} = T_c^C(\boldsymbol{A}(k)) \\ &= [T_c^C(\boldsymbol{A}_1(k)) \quad T_c^C(\boldsymbol{A}_2(k)) \quad \cdots \quad T_c^C(\boldsymbol{A}_n(k))]^\mathrm{T}\end{aligned} \tag{3.16}$$

其中 $\boldsymbol{A}'_i(k) = T_c^C(\boldsymbol{A}_i(k)) = \boldsymbol{I}_i \times \boldsymbol{A}_i(k), i = 1, 2, \cdots, n$,$\boldsymbol{I}_i$ 为元素为 1 的行向量。抗体在抗原的刺激下实现了生物的倍增。

2)免疫基因操作 T_g^C

免疫基因操作包括交叉和变异。仅采用变异的克隆选择算法称为单克隆算法,交叉和变异采用的都为多克隆算法。免疫学认为,亲和度成熟和抗体多样性的产生主要依靠抗体的高频变异,而非交叉或重组。在克隆算法中更强调变异的作用,与一般遗传法认为交叉式主要算子而变异是背景算子不同。免疫克

隆算法是仅包含变异操作的单克隆算法。变异后的个体为

$$A''(k) = T_g^C(A'(k)) \tag{3.17}$$

3) 免疫选择操作 T_s^C

免疫选择 T_s^C 从抗体各自克隆变异后的子群体中选择最优的个体,从而形成新的种群。

$$A(k+1) = T_s^C(A''(k) \bigcup A(k)) \tag{3.18}$$

抗体种群 A_k 在克隆算子的作用下,其群的演化过程可以表示为

$$A(k) \xrightarrow{T_c^C} A'(k) \xrightarrow{T_g^C} A''(k) \xrightarrow{T_s^C} A(k+1) \tag{3.19}$$

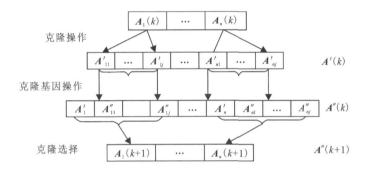

克隆选择算法可以统一地描述为:记 $f: R^m \to R$ 为被优化函数,考虑 f 最大化问题;抗体—抗原亲和力函数 $\Phi: I \to R$,其中 I 是个体空间,一般不要求亲和力函数与目标函数值相等,而 Φ 往往是 f 的函数,$a \in I$ 记为抗体,$x \in R^m$ 为目标变量,$n \geqslant 1$ 为抗体规模;$N(k) \geqslant 1$ 为第 k 代时克隆后抗体规模,$N(k) = \sum_{i=1}^{n} q_i(k) \geqslant 1$,即每一抗体克隆数量的总和;进化到第 k 代,群体 $A(k) = [A_1(k) \quad \cdots \quad A_n(k)]$ 由个体 $A_i(k) \in I$ 组成;$c: I^n \to I^N$ 记为克隆操作,其控制参数集合为 $\textcircled{H}_q$;$r: I^N \to I^N$ 记为交叉操作,其控制参数集为 $\textcircled{H}_r$;$m: I^N \to I^N$ 记为变异操作,其控制参数集为 $\textcircled{H}_m$;这里 c, r, m 为宏算子,即把群体变换为群体。把相应作用在个体的算子分别记为 c', r', m';选择操作 $S: (I^N \bigcup I^n) \to I^n$ 产生下一代父代群体,其控制参数集为 $\textcircled{H}_s$;$\Lambda: I^n \to \{T, F\}$ 记为停止准则,其中 T 表示真,F 表示假。其基本框图如图 3.3 所示。

Step 1:初始化。$\boldsymbol{A}(0)=[\boldsymbol{A}_1(0)\cdots\boldsymbol{A}_n(0)]$。

Step 2:度量,计算抗体—抗原亲和力。$\boldsymbol{A}(0)=[\Phi(\boldsymbol{A}_1(0))\cdots\Phi(\boldsymbol{A}_n(0))]$。

Step 3:停止准则判断。如果$(A(\boldsymbol{A}(k))\neq \mathrm{T})$继续,否则算法结束。

Step 4:克隆操作。$\boldsymbol{A}'(k)=c_{\bigoplus_q}(\boldsymbol{A}(k))$。

Step 5:免疫基因操作。交叉 $\boldsymbol{A}''(k)=r_{\bigoplus_r}(\boldsymbol{A}'(k))$ 和/或变异

$\boldsymbol{A}'''(k)=m_{\bigoplus_m}(\boldsymbol{A}''(k))$。

Step 6:计算抗体—抗原亲和力。$\boldsymbol{A}'''(0)=[\Phi(\boldsymbol{A}'''_1(0))\cdots\Phi(\boldsymbol{A}'''_n(0))]$。

图 3.3 克隆选择计算框图

根据定理"简单克隆选择算法的抗体种群序列以概率 1 收敛到最优解",可以保证克隆选择算法可以找到最优的权值。

在寻优问题中,传统的遗传算法容易陷入局部最小,且收敛速度慢,而免疫克隆(ICS)算法,吸收了遗传算法并行搜索的优点,保持了种群多样性,抑制了早熟现象。

免疫克隆算法流程如图 3.4 所示,具体步骤如下。

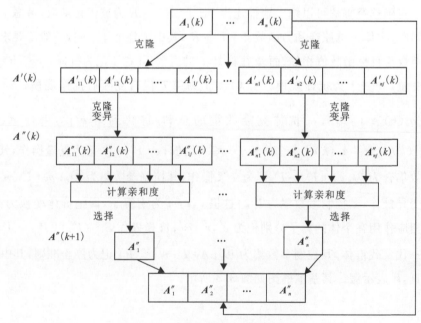

图 3.4 免疫克隆(ICS)算法流程图

①初始化。选择初始权值种群,其中每一个元素都可以看成一个染色体。

②停止判断。判断是否满足终止条件,即是否完成设定的迭代次数。完成则转向步骤⑧,否则执行步骤③。

③克隆操作,对当前的第 k 代父本种群 $A(k)$ 进行克隆操作,得到 $A'(k)$。

④变异。采用均匀变异方法,对 $A'(k)$ 进行变异操作 $A''(k)$。

⑤计算亲和度值。计算每个个体的亲和度值 Q。

⑥克隆选择。若存在变异后的个体 b,使得 $Q(b)=\max(Q(\cdot))$,则选择个体 b 进入新的父代群体。

⑦ $k=k+1$,转向步骤②。

⑧在最优种群中寻找最优个体。按照当前种群中每个个体计算亲和度值 Q,找到取得最大值的个体,确定其为最终权值。

基于人工独特型网络(regional-memory-pattern artificial idiotypic network, RAIN)模型由特异记忆抗体区域和自由记忆抗体区域两大部分组成。特异记忆抗体区由若干个特异区域组成,表示为 $1,2,\cdots,m$ 等区域。每个特异区域保存着具有某种特异性记忆的淋巴细胞,该特异区域可作为该特异性对应抗原的兴奋区。自由记忆抗体区域主要为规模可变的记忆抗体池,包含有各种功能的记忆抗体,为各特异性记忆抗体的克隆、变异、进化提供抗体源。特异记忆抗体区的各个特征区域内的抗体间以及记忆抗体区域抗体与自由抗体区的抗体间存在激励和抑制作用,作用的规则符合抗体动力学原理(刘庆杰和蔺启忠,2008;刘庆杰,2009)。

通过初次免疫响应(选择训练样本,搭建并初始化 RAIN 模型,调整 RAIN 模型,输出 RAIN)和二次免疫响应(设定 RAIN 激活阈值,得到抗原,计算激励度和竞争识别)来得到激励度,并利用其有效压制干扰地物,增强与成矿相关的弱信息。

将遥感图像的像元看作具有多维特征的抗原,像元各个波段作为抗原的特征值。抗原分两种情况作用于 RAIN 模型内的抗体。在初次免疫响应中(图 3.5 左侧虚线框所示模块),选取的抗原是已知类型的地物样本,实现了 RAIN 模型内各特异记忆抗体对已知类型抗原(样本)特征的学习和记忆。在二次免疫响应中(图 3.5 右侧虚线框所示模块),抗原为遥感影像中未知类型的像元值,经过训练的 RAIN 各特异记忆抗体根据其产生的不同激励,来竞争识别未知抗原,实现对遥感影像的分类和提取(刘庆杰,2009)。

基于人工独特型网络模型和主成分变化对新疆包古图岩性进行分类的结果如图 3.6 所示。中酸性小岩体(主要为花岗闪长岩等)在图中表现为:岩体中心呈蓝色;边部有黄绿色环状结构,间有红紫色簇状地物分布。新疆有色地质勘查局七〇一大队在1992年绘制的1∶5万包古图地区金矿矿区地质图标出了已知包古图Ⅰ、Ⅱ、Ⅲ、Ⅳ、Ⅴ、Ⅵ、Ⅶ、Ⅷ号小岩体,与本书方法处理结果得到的小岩体信息有较好的吻合关系。根据此规律可以在图中寻找出更多的岩体异常信息。

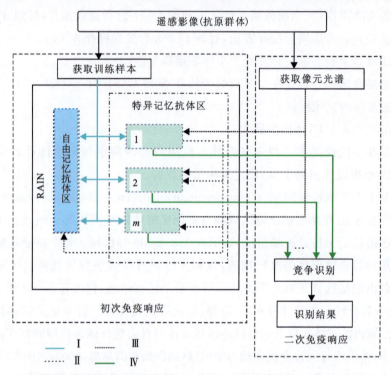

Ⅰ.初次免疫响应训练样本抗原作用于RAIN;Ⅱ.RAIN内部记忆细胞动力学调节;
Ⅲ.二次免疫响应中像元抗原作用于RAIN;Ⅳ.二次免疫中,特异记忆抗体对抗原的响应。

图3.5 RAIN遥感分类示意图

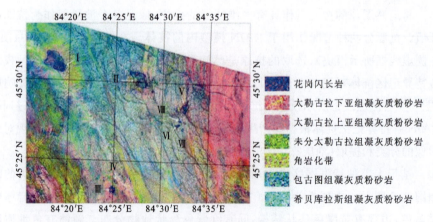

图3.6 新疆包古图RAIN岩性信息增强图(刘庆杰,2009)

3.2.2 构造信息遥感提取技术

组成地壳的岩石或岩体受力而发生变位、变形留下的行迹称为构造,如褶皱、断层等。多数矿床都与构造有关,如石油多集中在穹隆构造中,固体矿床大多分布在深大断裂构造的周围的次级构造中(王钦军等,2017)。因此,构造是控制矿床形成的主要因素。

按形态,构造分为线形构造和环形构造。线形构造主要由断裂组成,环形构造主要由侵入岩体、火山口等组成。它们主要是地质构造活动所造成的地层切割或错动而形成的,在遥感影像上表现出与周边地物的边界纹理异常。构造信息提取的方法很多,常用的如比值法、主成分分析法(PCA)、最大噪声分量变换(MNF)等。下面介绍几种在实际应用中效果较好的构造信息提取/突出技术。

1. 基于人工独特型网络模型的构造信息提取技术

人工独特型网络模型的基本原理已在前文中进行了介绍,在此不再赘述。除了可以提取岩性信息外,人工独特型网络模型(RAIN)还可以通过激励度突出构造信息,如图 3.7 所示。

图 3.7　RAIN 模型对新疆西准哈图金矿区(a、b)和新疆谢米斯台(c、d)
微观尺度断裂构造信息明显增强结果(刘庆杰和蔺启忠,2008)

2. Gabor 变换

Gabor 变换是一个用于边缘提取的线性滤波器。它的频率和方向表达同人类视觉系统类似,十分适合纹理的表达和分离。该算子分为实部和虚部,二者相互正交。用实部可以实现不同频率下的图像平滑,用虚部可以进行不同方向上的图像边缘信息的增强(Molaei,2020)。因而 Gabor 变换为在不同方向上增强构造信息提供了强有力的工具。二维 Gabor 小波核函数定义如下式所示。

$$\varphi_{u,v}(z) = \frac{\|k_{u,v}\|^2}{\sigma^2}\exp\left(-\frac{\|k_{u,v}\|^2\|z\|^2}{2\sigma^2}\right) \cdot \left[\exp(ik_{u,v}z) - \exp\left(-\frac{\sigma^2}{2}\right)\right] \tag{3.20}$$

$$k_{u,v} = \begin{pmatrix} k_v\cos_u \\ k_v\sin_u \end{pmatrix} \tag{3.21}$$

式中:u 为方向因子;v 为尺度因子;φ 是以 u,v 为参数的函数;$z=(x,y)$ 为图像坐标;σ 为与小波频率带宽有关的常数;$k_{u,v}$ 为中心频率;θ 为方向。

通过选择不同的频率和方向就会得到不同的小波函数,从而对图像进行多尺度、多方向分析。

根据遥感图像多波段的特点,结合构造在图像上的色调、纹理和方向等,通过建立构造的判别标准来提取构造信息,提升了基于 Gabor 变换进行构造判别的精度和智能化水平。利用其提取的新疆阿尔金构造信息如图 3.8 所示。与原始数据进行对比的结果表明,Gabor 变换可以有效突出纹理变化剧烈的边缘,进而突出了构造信息。

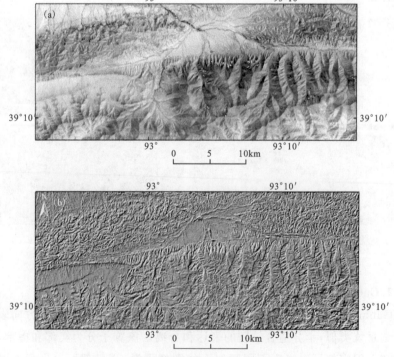

图 3.8 阿尔金构造信息 Gabor 变换效果图
(a)原始数据;(b)变换后的结果

3. 主成分分析、最大噪声变换和原始数据组合进行构造信息增强技术

为突出多光谱遥感图像中的构造信息，提出用主成分分析、最大噪声变换和原始数据联合进行信息增强的方法。首先对原始数据进行主成分分析和最大噪声变换，然后在对变换结果与原始数据进行归一化处理的基础上进行波段选择，最后进行假彩色合成并输出结果。

利用新疆哈图地区的 ETM 数据进行构造增强的效果如图 3.9 所示。结果表明，该方法不仅丰富了遥感图像的颜色，拉大了不同类地物间的色彩差异，为提取不同类地物信息提供了一条有效的途径，而且还有力增强了宏观构造，凸显了小构造和肠状构造，为展现研究区构造格局，建立遥感找矿模式提供了一套行之有效的方法（王钦军等，2009）。

1）变换后的图像色彩更加丰富

原始假彩色合成图像中的颜色仅表现为灰白色、蓝黑色、红色和墨绿色 4 种，颜色单调且暗淡，很难发现小构造；利用本方法变换后的图像表现为紫色、蓝紫色、深蓝色、蓝色、深绿色、绿色、翠绿色、黄绿色、黄色 9 种。因此，从视觉效果上来看，变换后的图像不仅比原始假彩色合成图像具备了更多的色彩，而且还表现出了渐变性，使变换的图像颜色更加丰富，更容易凸现小构造特征。

2）拉大了不同类地物间的色彩差异

丰富的色彩是区分不同种类地物的基础，在原始数据的假彩色合成图像中仅显示了宏观地物如植被（红色）、凝灰质砂岩（蓝黑色）、花岗闪长岩岩体（灰白色、墨绿色），无法从蓝黑色的凝灰质砂岩中辨别出小的圆形花岗闪长岩岩体。然而，在变换后的图像中，花岗闪长岩岩体表现为从中间向四周，颜色由紫色向黄色过渡的特征，根据这一特征很容易将中间的紫色小岩体与周围蓝色的凝灰质砂岩区分开。不仅如此，变换后的图像还将不同类型的凝灰质砂岩区分开来，如原图中统一表现为蓝黑色的凝灰质砂岩在处理过后表现为蓝紫色、深蓝色、蓝色、深绿色、翠绿色。上述颜色的变化体现了凝灰质砂岩在颜色、粒度上的差异，因此，本变换增强了不同类地物间的差异性，构造信息就很自然地被突出了。

3）突出了构造信息

原始影像的假彩色合成图像仅能明确显示出 2 条北东向大断裂、1 条北西向大断裂和花岗闪长岩岩体的环状构造；而变换后的图像除了增强上述 3 个宏观构造的特征之外，还凸现了肠状构造和众多北西向小断裂，所以本方法在突出构造方面的效果是显而易见的。

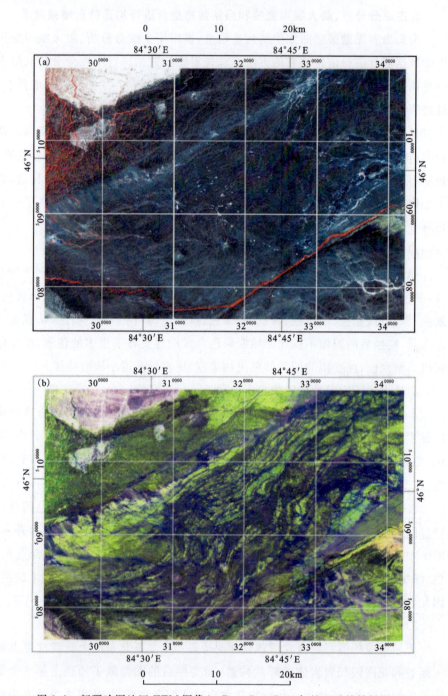

图 3.9 新疆哈图地区 ETM 图像(a:R:4;G:3;B:2)与处理后的效果图(b)

3.2.3 蚀变矿物信息遥感提取技术

矿物是指在各种地质作用过程中产生和发展的,在一定地质和物理化学条件处于相对稳定的自然元素的单质和化合物,是组成岩石的基本单元,主要包括造岩矿物和蚀变矿物。

造岩矿物是组成岩石的主要矿物,包括硅酸盐、碳酸盐和简单氧化物等,如正长石、斜长石、石英、角闪石类、辉石类、橄榄石、方解石、云母等。

蚀变矿物是在成岩、成矿过程中,受温度、压力变化而导致物质成分、结构、构造发生变化的矿物。它是热液成矿作用的重要组成部分,也是热液矿床的主要特征之一。研究围岩蚀变能提供成矿时的物理化学条件,热液性质和演化条件,以及成矿元素的迁移、富集和矿石沉淀的有关信息,是极其重要的找矿标志之一。它不仅能指示盲矿体的存在,还可根据蚀变岩石的类型、特征,预测矿产的种类、矿体赋存的位置以及矿化富集的程度。最常见的围岩蚀变包括矽卡岩化、钾长石化、钠长石化、云英岩化、绢云母化、绿泥石化、绿帘石化、青磐岩化、泥化、硅化、碳酸盐化、黑云母化等。

含有 Al-OH 的矿物主要有白云母、高岭石、蒙脱石、明矾石、伊利石等,其最主要特征吸收位置在波长 2.2 μm 处,这是 Al-OH 矿物的诊断性吸收特征。此外,Al-OH 矿物在波长 1.4 μm 处均有一尖锐且对称度较高的吸收峰(表 3.2)。

含有 Mg-OH 的矿物主要有蛇纹石、绿帘石、绿泥石,Mg-OH 的特征吸收峰位置在波长 2.3 μm 处,是 Mg-OH 矿物的诊断性吸收特征。除了在波长 1.4 μm 处与 Al-OH 矿物共有的吸收特征外,Mg-OH 在波长 2.275 μm 处还有一较浅的伴随吸收峰,波长 2.0 μm 处有一宽缓且对称度较高的吸收峰。

含有 CO_3^{2-} 的矿物主要有菱铁矿、方解石、白云石,CO_3^{2-} 的吸收峰中心波长位于 1.90 μm、2.00 μm、2.16 μm、2.35 μm、2.55 μm 处。其中,2.35 μm 处吸收最强,可根据此特征来鉴定碳酸盐矿物。

过渡性金属阳离子中以铁离子最为常见,含有铁离子的矿物主要有黄钾铁矾、针铁矿、褐铁矿、赤铁矿。铁离子分为 Fe^{2+}、Fe^{3+},Fe^{2+}一般出现在还原环境中,与成矿意义不大,Fe^{3+} 在 0.45 μm、0.87 μm 处形成强吸收峰。

表 3.2　离子和基团对应的吸收峰位置表（据白杨林等，2023，有改动）

类型		吸收峰位置（μm）
阳离子	Fe^{2+}	0.43、0.45、0.51、0.55、1.00～1.10、1.80～1.90
	Fe^{3+}	0.40、0.45、0.49、0.52、0.70、0.87
	Ni^{2+}	0.40、0.75、1.25
	Cu^{2+}	0.80
	Mn^{2+}	0.34、0.37、0.41、0.45、0.55
基团	—OH	1.40、2.20（Al-OH）、2.30（Mg-OH）
	CO_3^{2-}	2.55、2.35、2.16、2.00、1.90

1. 比值法

比值法是根据蚀变矿物在不同波段反射率或发射率的不同而造成的图像灰度上的差异，对两幅图像或多幅图像反射率/发射率反演后的结果进行比值运算的方法。它可以消除电磁波传输过程中乘性因子的影响，对消除谱带强度变化不大的背景因子（如土壤）具有很好的效果，主要适用于两个比值波段的谱带强度差别较大的目标增强（王钦军，2006）。比值法虽然具有突出目标的作用，但是也有不足之处。首先，它在消除乘性因子的同时也增强了加性因子（如噪声）在图像中的作用，加性因子主要来自程辐射，因此，在进行比值运算之前首先要去噪；其次，在可见光近红外波段，它对暗目标如阴影也进行了增强，因为暗目标在该区间的反射率基本上为 0，所以在进行比值运算时它们的强度就非常大，这也是在提取蚀变带时首先使用掩膜去除背景的原因之一。

基于 ASTER 数据，分别建立褐铁矿，方解石、白云石、绿泥石，以及硅指数的波段比值如下。

（1）褐铁矿指数（LI）＝B3/B1。

（2）方解石、白云石、绿泥石指数（CDCI）＝B9/B8。

（3）硅指数（SI）＝B13/B12。

根据它们的最大阈值叠加，阿尔金蚀变矿物填图结果如图 3.10 所示。

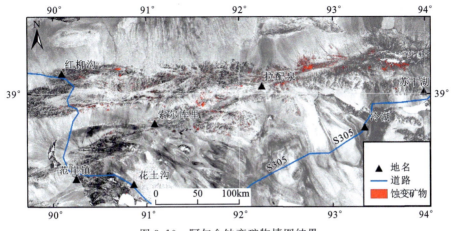

图 3.10　阿尔金蚀变矿物填图结果

2. 高光谱混合分解技术

矿物组分及其含量的提取可以采用多种方法,如实验室的薄片鉴定、X射线衍射分析、电子探针探测等。但是,开展金属矿产资源勘查所需的大范围野外矿物定量分析,则需要充分发挥高光谱遥感所具有的宏观、快速、经济的优势进行岩矿高光谱精细鉴别,通过高光谱遥感填图实现快速找矿的目的。

高光谱测量的是岩矿混合光谱,其光谱曲线受矿物混合、风化、粒度、颜色、地表覆盖、大气状况和地形等多方面的影响,导致基于高光谱反演矿物类型及其含量较为困难,急需建立实用化的矿物组分精细鉴别模型,以提高岩矿组分鉴别的精度。王钦军和陈玉(2019)提出了矿物组分精细鉴别模型,并建立了相应的技术流程,它通过建立区域端元库、去除光谱噪声和最优化端元提取等方法提高了矿物组分提取的精度,以期为从事高光谱岩矿信息提取的同行提供参考。

在自然界,尤其是在岩矿组分混合光谱分析中,普遍存在着混合像元问题,因此,能否在混合像元中反演出所需的岩性和矿物信息是岩矿定量化鉴别的关键。一般来说,在一个像元内引入其他成分就会影响该像元主要光谱吸收的参数,如波段位置、吸收深度、吸收宽度、吸收面积等。因此,可以根据像元主要光谱参数的变化来提取岩矿信息。线性光谱混合模型是最简洁、应用范围最广的光谱混合模型,并被认为是岩矿光谱混合的主要方式(王润生等,2010;王菲等,2011;王亚军等,2012)。它是利用一个线性关系式表达一个像元内各地物的类型、比例与地物的光谱响应。它的基本假设是:组成混合像元的几种不同地物的

光谱以线性方式组成混合像元的光谱

$$AX + \varepsilon = B \qquad (3.22)$$

式中：A 为 $n*n$ 数组，表示端元反射率光谱；X 为 $n*1$ 数组，表示待求的端元含量；ε 为误差；B 为 $n*1$ 数组，表示混合反射率光谱。

模型的数学问题可以归结为：寻找最优 X 解，使得误差 ε 最小，也就是典型的最小二乘问题。

在求解上述问题的过程中，端元的优选、光谱噪声的去除等预处理成为决定模型精度的关键。因此，在发展傅里叶变换去除噪声的基础上，基于光谱吸收峰位置确定端元类型，通过区域端元库确定端元光谱，应用最小二乘法进行最优端元的选取成为本模型的特色。

1) 最优端元选取

光谱吸收峰是高光谱矿物精细鉴别的基础，在光谱平滑的基础上，采用"连续统去除"的方法提取光谱吸收峰。连续统被定义为光谱反射率曲线中反射率峰之间的连接部分，描述了不同物质的平均光学路径长度与不同的吸收过程。可以理解为光谱曲线的包络线或外壳，是连接光谱曲线上的局部最大值点外凸的曲线。通过光谱连续统去除算法，可以有效地突出光谱曲线的吸收和反射特征，并将其归一化到一个一致的光谱背景上，即将各种矿物形状不规则的光谱进行标准化，达到突出光谱吸收峰的目的。

基于区域端元光谱库，根据光谱吸收峰确定多个端元，将它们的组合逐次带入模型，并利用最小二乘法求解误差，选择最小误差的端元组合作为最优端元选取的结果。

2) 建模

确定了端元，也就确定了模型的变量数。在端元吸收峰附近选择合适的波段吸收位置所对应的端元光谱反射率值作为输入变量值，将相同波段位置处的测量光谱反射率值作为输出变量值，构建一个光谱反射率反演方程。同样的道理，基于多个样本，建立多个方程，组成一个端元信息提取的方程组。为求得方程组的最小二乘解，所构建的方程数要大于变量数。

3) 矿物组分提取

在建立模型的基础上，利用最小二乘法使求解的数据与实际数据之间误差的平方和最小的原则来确定矿物含量。

利用上述方法对新疆谢米斯台地区进行蚀变矿物填图，结果如图 3.11 所示。

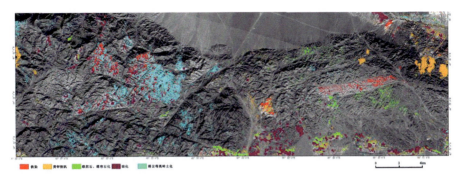

图 3.11　新疆谢米斯台地区蚀变矿物填图结果

3. 光谱相关能级波形匹配技术

光谱相关能级波形匹配(spectral correlation energy level matching，SCEM)技术是在谱带强度参数与波形特征参数相结合的思想指导下，利用光谱相关系数确定谱带强度相似度，利用能级波形匹配技术确定波形特征相似度的基础上进行的蚀变矿物提取的技术(王钦军，2006)。

该算法的总相似度是谱带强度相似度与光谱波形相似度的乘积，反映了图像像元光谱与参考光谱间的总相似度。谱带强度相似度是参考光谱与像元光谱的相关系数，用下列公式来表示。

$$r_{ij} = \frac{\sum_{k=1}^{m}(x_{ik}-\overline{x_i})(x_{jk}-\overline{x_j})}{\sqrt{\sum_{k=1}^{m}(x_{ik}-\overline{x_i})^2} \cdot \sqrt{\sum_{k=1}^{m}(x_{jk}-\overline{x_j})^2}} \quad (3.23)$$

式中：x_{ik} 为 i 光谱曲线中第 k 个波段的谱带强度；x_{jk} 为 j 光谱曲线中第 k 个波段的谱带强度；m 为波段个数；$\overline{x_i}=\frac{1}{m}\sum_{k=1}^{m}x_{ik}$ 为 i 光谱曲线的均值；$\overline{x_j}=\frac{1}{m}\sum_{k=1}^{m}x_{jk}$ 为 j 光谱曲线的均值；r_{ij} 为 i 光谱曲线与 j 光谱曲线的相关系数。

光谱波形特征相似度是分别对参考光谱与像元光谱排序后，相同波段位置的个数与总波段数的比值，它反映了参考光谱与像元光谱之间的局部波形的相似性。

如果两条光谱曲线完全相同的话，它们的相关系数为1，否则，相关系数一般都小于1。因此，相关系数反映了两条光谱曲线在谱带强度上的总相似性。

以已知矿点的光谱为参考光谱，利用SCEM技术提取西准噶尔—环巴尔喀什蚀变矿物结果如图3.12所示。

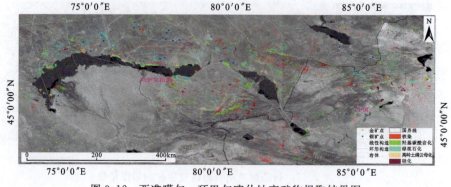

图3.12 西准噶尔—环巴尔喀什蚀变矿物提取结果图

3.2.4 元素地球化学信息遥感提取技术

元素地球化学异常特征是找矿的重要标志,传统的方法是基于区域化探资料进行地球化学异常的分析而建立地球化学找矿标志。然而,对于区域化探资料匮乏的区域,如何获取元素地球化学异常是很大的挑战。传统的元素地球化学方法主要是从微观角度来探索元素的地球化学行为,如何快速、经济地从宏观上探讨元素的分布、化学作用及其在宏观上的时空演化规律,是元素地球化学从理论研究到应用的一个重要方面。

随着遥感技术的快速发展,特别是高光谱分辨率成像光谱仪性能的提高,以及与之相应的分析处理方法的逐渐成熟,地球化学与遥感技术结合的产物——遥感地球化学已成为金属矿产资源勘探的重要手段。遥感地球化学是地球化学的一门分支学科,是以物质电磁波理论为基础,借助遥感技术获取数据,研究化学元素在地表或其他行星表面的分布、含量及迁移的科学,它的特点是快速、大范围获取数据(吴昀昭等,2003)。遥感与地球化学的研究内容相结合,即从化学元素及其特性这一微观的角度来探讨遥感的机理,不仅给遥感机理研究提供了一个强有力的手段,丰富了遥感研究和应用的领域,同时也使地球化学本身的研究领域得以拓宽(何延波等,1997),在金属矿产资源的勘探领域发挥着越来越重要的作用。

高光谱分辨率成像光谱仪可以探测到具有诊断性光谱特征的、能够指示矿床和矿化带存在的岩石和矿物,通过波谱研究及遥感图像信息提取技术可以绘制矿物成分分布图及丰度图,从而指导找矿。近年来,基于实测高光谱分辨率反射数据和元素含量数据的元素含量估算模型已经取得了很大的进展。虽然,到目前为止有关成矿元素估算模型的研究尚处于探索和起步阶段。但是，国内外一些学者已经基于土壤光谱反射率数据成功估算了土壤营养元素及重金属元素的含量。研究表明，不仅具有光谱特征的元素含量可以估算，一些无光谱特征的成分也可以被预测(Ben-Dor and Banin,1994;Ben-Dor 2000;Islam et al.,2003)，这对由于含量低而体现不出吸收特征的成矿元素的快速预测具有非常重要的借鉴意义。

本节介绍了基于反射光谱的成矿元素估算模型探寻成矿元素地球化学异常特征的可行性和应用前景，在一定程度上拓宽了遥感地球化学在金属矿产资源勘探领域的应用，对遥感地球化学方法的发展和金属矿产资源的勘探具有一定意义。

1. 偏最小二乘法

偏最小二乘法(partial least squares regression,PLS)是一种新型的多元统计分析方法，由Woldh和Albano于1983年首次提出(王惠文,1999)，它采用了信息综合与筛选技术，不是直接用因变量和自变量集合进行回归建模，而是在变量系中提取若干对系统具有最佳解释能力的新综合变量(即成分提取)，然后利用成分进行回归建模。PLS集多元线性回归分析、典型相关分析和主成分分析的基本功能于"一体"，能有效克服一般最小二乘回归分析方法无法解决的问题(唐启义和冯明光,2002)。在处理样本容量小、自变量多、变量间存在严重多重相关性问题方面具有独特的优势。

单因变量偏最小二乘回归方法的思路如下：

设已知因变量 y 和 k 个自变量 $x_1,x_2,\cdots,x_k$，样本数为 n，构成数据表 $\boldsymbol{X}=[x_1,x_2,\cdots,x_k]_{n\times k}$ 和 $\boldsymbol{y}=[y]_{n\times 1}$。在 $\boldsymbol{X}$ 中提取成分 t_1，t_1 是 $x_1,x_2,\cdots,x_k$ 的线性组合，要求 t_1 尽可能大地携带 $\boldsymbol{X}$ 矩阵中的变异信息，且与 $\boldsymbol{y}$ 的相关程度最大。这样，t_1 既能很好地代表 $\boldsymbol{X}$ 的信息，同时对 $\boldsymbol{y}$ 又具有最强的解释能力。

提取第一个主成分 t_1 后，实施 $\boldsymbol{y}$ 和 $\boldsymbol{X}$ 对 t_1 的回归，如果此时回归方程已经达到满意的精度，则算法停止；否则，将利用 $\boldsymbol{X}$ 被 t_1 解释后的残余信息以及 $\boldsymbol{y}$ 被 t_1 解释后的残余信息进行第二主成分 t_2 的提取，继续实施 $\boldsymbol{y}$ 和 $\boldsymbol{X}$ 对 t_1、t_2 的回归。如此反复，直到能达到一个较满意的精度为止。若最终对 $\boldsymbol{X}$ 共提取了 m 个成分 $t_1,t_2,\cdots,t_m(m\leqslant n)$，偏最小二乘回归将实施 $\boldsymbol{y}$ 对 $t_1,t_2,\cdots,t_m$ 的回归，由于 $t_1,t_2,\cdots,t_m$ 都是 $x_1,x_2,\cdots,x_k$ 的线性组合，最后可表达为 $\boldsymbol{y}$ 对原变量 $\boldsymbol{X}$ 的回归方程。

单因变量偏最小二乘回归方法的建模步骤如下：

(1)将 $\boldsymbol{X}$ 与 $\boldsymbol{y}$ 进行标准化处理，得到标准化后的自变量矩阵和因变量矩阵。标准化处理的目的是公式表达上的方便和减少运算误差。

$$x_{ij}^* = \frac{x_{ij} - \bar{x}_j}{s_j} \qquad i = 1, 2, \cdots, n; \quad j = 1, 2, \cdots, k \qquad (3.24)$$

$$E_0 = (x_{ij}^*)_{n \times p} \qquad F_0 = \left(\frac{y_i - \bar{y}}{s_y}\right)_{n \times 1} \quad i = 1, 2, \cdots, n \qquad (3.25)$$

式中：$\bar{x}_j$ 为 X_j 的均值，s_j 为 X_j 的标准差；$\bar{y}$ 为 y 的均值，s_y 为 y 的标准差。

(2) 从矩阵 E_0 中抽取一个成分 $t_1 = E_0 w_1$，其中

$$w_1 = \frac{E_0^T F_0}{\| E_0^T F_0 \|} \quad 且 \| w_1 \| = 1 \qquad (3.26)$$

实施自变量矩阵 E_0 和因变量矩阵 F_0 在 t_1 上的回归

$$E_0 = t_1 p_1^T + E_1 \qquad (3.27)$$

$$F_0 = t_1 r_1 + F_1 \qquad (3.28)$$

式中：p_1、r_1 为回归系数（r_1 是标量），即

$$p_1 = \frac{E_0^T t_1}{\| t_1 \|^2} \quad r_1 = \frac{F_0^T t_1}{\| t_1 \|^2} \qquad (3.29)$$

及残差矩阵

$$E_1 = E_0 - t_1 p_1 \qquad (3.30)$$

$$F_1 = F_0 - t_1 r_1 \qquad (3.31)$$

(3) 检查收敛性，若 y 对 t_1 的回归方程已达到满意的精度，则进行下一步；否则，令 $E_0 = E_1, F_0 = F_1$，回到步骤(2)，对残差矩阵进行下一轮的成分提取和回归分析。

(4) 在 h 步（$h = 2, \cdots, m$），方程满足精度要求，这时得到 m 个成分 $t_1, t_2, \cdots, t_m$，实施 F_0 在 $t_1, t_2, \cdots, t_m$ 上的回归，得到

$$\hat{F}_0 = r_1 t_1 + r_2 t_2 + \cdots + r_m t_m \qquad (3.32)$$

由于 $t_1, t_2, \cdots, t_m$ 均是 E_0 的线性组合，因此，$\hat{F}_0$ 可写成 E_0 的线性组合形式，即

$$\hat{F}_0 = r_1 E_0 w_1^* + \cdots + r_m E_0 w_m^* \qquad (3.33)$$

式中：$w_j^* = \prod_{j=1}^{h-1} (I - w_j p_j^T) w_h$，$I$ 为单位矩阵。

最后，就有

$$\hat{y}^* = a_1 x_1^* + \cdots + a_p x_p^* \qquad (3.34)$$

x_j^* 的回归系数为

$$a_j = \sum_{h=1}^{m} r_h w_{hj}^* \tag{3.35}$$

式中：w_{hj}^* 为 w_h^* 的第 j 个分量。

(5) 按照标准化的逆过程，将 $\hat{F}_0(\hat{y}^*)$ 的回归方程还原为 y 对 X 的回归方程。

从以上建模步骤可以看出，偏最小二乘回归的建模依据是建立在信息分解与提取的基础之上的。它在自变量 $x_1, x_2, \cdots, x_k$ 中逐次提取综合成分 $t_1, t_2, \cdots, t_h (h<k)$，这相当于对 $x_1, x_2, \cdots, x_k$ 中的信息进行重新组合和提取，从而得到对 y 的解释能力最强，同时又最能概括自变量集合 X 中信息的综合变量，而与此同时，对 y 没有解释意义的信息就被自然地排除了。

基于上述方法，刘苗(2010)分析了新疆西准噶尔包古图Ⅱ号岩体铁元素 PLS 元素含量估算模型，如表 3.3 所示。对于原岩样本 Fe 元素的建模结果，除了基于 $1/R$ 光谱指标的建模精度低于基于反谱光谱 R 的建模精度外，其他几种光谱指标皆在一定程度上提高了建模精度。训练样本建模精度最高的是反射光谱的二阶微分变换形式，其次是一阶微分变换形式，验证样本建模精度最高的是 SQRT(R) 形式，其次是 Depth 形式。

表 3.3 基于多种反射光谱指标形式的 Fe 元素偏最小二乘回归表

光谱指标	数据集		训 练			检 验	
	样本数	波段数	RMSEC (mg/g)	r	Factor	RMSEP (mg/g)	r
R	94	431	34.089	0.780	4	38.583	0.708
$1/R$	94	431	41.782	0.641	1	43.497	0.602
Sqrt(R)	94	431	30.704	0.826	6	36.885	0.739
lg(R)	94	431	30.473	0.829	6	38.234	0.719
Depth	94	429	32.243	0.806	3	37.035	0.735
一阶微分	94	429	28.688	0.850	4	38.479	0.710
二阶微分	91	427	28.568	0.851	4	38.051	0.717

2. 流形学习方法与 PLS 相结合的 Isomap-PLS 方法

高光谱是典型的高维数据，光谱数据一方面存在噪声干扰和严重的多重共线问题，另一方面与样本的物理化学性质之间可能存在非线性关系。对于可能存在的非线性关系，如果能够将非线性降维方法与偏最小二乘等线性回归方法相结合，有望能在一定程度上提高模型的精度。

流形学习方法被认为属于非线性降维的一个分支。流形是微分几何中的一个概念，用于描述空间中光滑的曲线或曲面。在流形学习维数约简过程中，假设数据是均匀采样于一个高维欧式空间中的低维流形，流形学习就是从高维采样数据中恢复出低维流形结构，即找到高维空间中的低维流形，并求出相应的嵌入映射，以实现维数约简或者数据可视化。

关于流形学习方面最具影响力的文章，是 Roweis 等 2000 年在 Science 期刊上发表的两篇文章。他们提出了各自的流形学习方法，即 Isomap 和 LLE(Tenebaum et al.,2000)。杨辉华等(2007,2009)已经将 Isomap 和 LLE 方法应用在了 NIR 光谱非线性模型的建立上，总体思路是先用 Isomap 或 LLE 方法对光谱数据进行非线性降维，再用 PLS 方法建立模型，并且在实际应用中获得了比单纯的 PLS 建模方法更高的精度。Liu 等(2019)分析了 Isomap-PLS 方法在元素丰度估算模型建立中的应用。

在 Isomap 中，测地距离的近似计算方法如下：样本点 x_i 和它的邻域点之间的测地距离用它们之间的欧氏距离来代替；样本点 x_i 和它邻域外的点用流形上它们之间的最短路径来代替。步骤如下。

(1) 选取邻域，构造邻域图 G。计算每个样本点 x_i 同其余样本点之间的欧氏距离。当 x_j 是 x_i 最近 k 个点中的一个时，认为它们是相邻的，即图 G 有边 $x_i x_j$（这种邻域称为 k-邻域），或者当 x_i 和 x_j 的欧氏距离 $d(x_i, x_j)$ 小于固定值 ε 时，认为图 G 有边 $x_i x_j$（这种邻域称为 ε-邻域）。设边 $x_i x_j$ 的权为 $d(x_i, x_j)$。

(2) 计算最短路径。当图 G 有边 $x_i x_j$ 时，设最短路径 $d_G(x_i, x_j) = d(x_i, x_j)$；否则设 $d_G(x_i, x_j) = \infty$。对 $l = 1, \cdots, N$

$$d_G(x_i, x_j) = \min\{d_G(x_i, x_j), d_G(x_i, x_l) + d_G(x_l, x_j)\} \qquad (3.36)$$

这样可以得到最短路径距离矩阵 $\boldsymbol{D}_G = [d_G^2(x_i, x_j)]_{i,j=1}^N$，它由图 G 的所有样本点之间的最短路径的平方组成。

(3) 计算 d 维嵌入。将 MDS 应用到距离矩阵 D_G。记

$$H = -(I - l_N l_N^T) D_G (I - l_N l_N^T)/2 \tag{3.37}$$

H 的最大 d 个特征值 $\lambda_1, \cdots, \lambda_d$ 以及对应的特征向量 $\mu_1, \cdots, \mu_d$ 所构成的矩阵为 $U = [\mu_1, \cdots, \mu_d]$,那么 $T = \mathrm{diag}(\lambda_1^{1/2}, \cdots, \lambda_d^{1/2}) U^T$ 是 d 维嵌入结果。

基于上述方法,刘苗(2010)制作了新疆西准噶包古图Ⅱ号岩体 Cu 元素含量空间分布图,如图 3.13 所示。

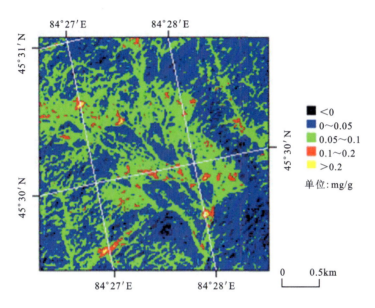

图 3.13 新疆西准噶包古图Ⅱ号岩体铜元素含量空间分布图(据刘苗,2010)

3. 基于改进梯度提升回归树的方法

为了解决铜元素丰度高光谱反演的非线性拟合问题,利用梯度提升回归树非线性拟合能力强、灵活性高、对样本数量要求低等特点,提出基于改进梯度提升回归树的铜元素丰度反演方法。

该算法的主要创新点在于:①用 K 近邻加权平均函数代替简单平均函数作为节点预测函数,提高了模型的预测精度;②采用自适应缩减步长算法代替固定缩减步长,提高了模型的预测效率。

1)梯度提升回归树算法

梯度提升回归树(gradient boosting regression tree,GBRT)由 Friedman 于 2001 年提出的,是一种集成学习算法,主要由 3 个基本要素组成,即回归树、梯度

提升和缩减算法。基学习器是回归树,每一棵新的回归树都是基于先前回归树的残差进行拟合学习,用梯度提升的策略不断降低残差,用缩减算法调节学习速度,进而提升学习效果。该算法具有十分健壮的非线性拟合能力,可以灵活处理各种类型的数据,在分类和预测问题上展现出了优越的性能,且对结果具有明确而直观的解释,因此被应用到很多不同的领域,如交通流量预测(沈夏炯等,2018)、网页搜索(蒋红梅,2019)、生态预测(李一蜚等,2020)等。

梯度提升回归树算法使用分类与回归树(classification and regression tree,CART)方法作为基础模型树。CART 由 Leo Breiman,Jerome Friedman,Richard Olshen 与 Charles Stone 于 1984 年提出的(Wu and Kumar,2009),是二叉决策树。CART 作为回归树时采用均方误差(mean squared error,MSE)来进行特征的选择,对决策树的结点 t,MSE 的计算公式如下。

$$\text{Left\_MSE} = \frac{1}{n\_\text{left}} \sum_{k}^{n\_\text{left}} [v_k - v_{\text{mean}}]^2 \quad (3.38)$$

$$\text{Right\_MSE} = \frac{1}{n\_\text{right}} \sum_{k}^{n\_\text{right}} [v_k - v_{\text{mean}}]^2 \quad (3.39)$$

$$\text{MSE} = \text{Left\_MSE} + \text{Right\_MSE} \quad (3.40)$$

式中:n_{left} 为 t 结点左侧的样本总数,n_{right} 为 t 结点右侧的样本总数,v_k 为两侧样本的真实值,v_{mean} 为两侧样本均值。

构建决策树时,将所有特征的 MSE 进行计算和比较,选择令 MSE 最小的特征作为分支特征,并使用平均函数对下一层的子结点进行预测。

$$\text{Left\_Predict} = \frac{1}{n\_\text{left}} \sum_{k}^{n\_\text{left}} v_k \quad (3.41)$$

$$\text{Right\_Predict} = \frac{1}{n\_\text{right}} \sum_{k}^{n\_\text{right}} v_k \quad (3.42)$$

式中:n_{left} 为 t 结点左侧的样本总数;n_{right} 为 t 结点右侧的样本总数;v_k 为两侧样本的真实值。

之后的子结点循环此操作,直到满足停止分支条件(样本个数小于预定阈值,或 MSE 小于预定阈值),最终生成决策树,并得到每个叶节点的预测值,如图 3.14 所示。

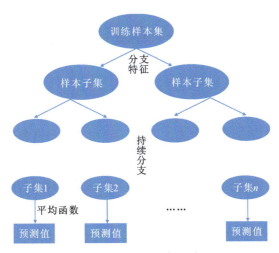

图 3.14　梯度回归树的建立

梯度提升的策略是 Boosting 算法的一种，也是 Boosting 算法的一种改进。为了让梯度提升算法每次迭代产生的新模型对训练集的损失函数最小，该算法在每次迭代时基于损失函数的负梯度方向建立新模型，使得模型持续快速优化，最后得到最优模型（图 3.15）。

缩减算法的主要思想是，每走一小步逐渐逼近结果的效果相比于每迈一大步逼近的结果能更好避免过拟合，因此该算法对残差学习的结果只累加一定的比例，来逐渐逼近目标。本质上来说就是为每棵回归树设置一个权重并附加学习率来控制渐变情况，在最终预测时通过乘以权重进行累加。经验证明，该方法可以降低过拟合的发生，提升预测效果。

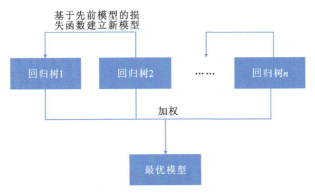

图 3.15　传统梯度提升回归树模型

2) 改进的梯度提升回归树算法

梯度提升回归树算法虽然在一定程度上降低了过拟合的发生,但在元素丰度预测的精度和效率方面仍有待提高,针对此问题,谢静静(2022)提出了改进的梯度提升回归树算法。

(1)在预测函数方面,用 K 近邻加权平均函数代替简单平均函数提高精度。CART 作为梯度提升回归树的基学习器,采用简单平均函数作为节点预测函数进行回归预测,将到达该叶节点的训练样本赋予同等的权重。由于过于依赖数据质量,在预测过程中预测结果易受异常值影响,无法达到理想的精度,然而,K 近邻加权平均函数在减少异常值影响方面具有一定的优势,因此,本书采用 K 近邻加权平均函数代替简单平均函数作为节点预测函数,进一步提高模型预测精度。

K 近邻算法的基本思想是:首先计算到达节点 t 的所有训练样本与预测样本之间的距离,找出距离预测样本最近的 k 个训练样本,记这 k 个训练样本的输出变量值为 $(y'_1, y'_2, \cdots, y'_k)$,它们与预测样本的距离为 $(d_1, d_2, \cdots, d_k)$,每个训练样本的权重分别为 $(w_1, w_2, \cdots, w_k)$;然后借鉴高斯核函数 $\dfrac{1}{\sqrt{2\pi}} \exp\left(-\dfrac{d^2}{2}\right)$ 定义权重为

$$w_i = \frac{e^{-\frac{d_i^2}{2}}}{e^{-\frac{d_1^2}{2}} + e^{-\frac{d_2^2}{2}} + \cdots + e^{-\frac{d_k^2}{2}}} \quad (i = 1, 2, \cdots, k) \tag{3.43}$$

因此,该节点的预测值即为这 k 个训练样本的加权均值统计量

$$\text{pre\_k} = \sum_{i=1}^{k} w_i y'_i \tag{3.44}$$

(2)在迭代方面,采用自适应缩减步长代替固定缩减步长以提高学习效率。在传统梯度提升回归树算法中,缩减步长固定不变,模型学习效率较低。通过对模型当前的学习结果进行评价后自动更新缩减步长,可以使得损失函数最小化,提高模型的学习效率。模型的损失函数定义为

$$L(y, H_j(x) + \lambda H_{j+1}(x)) = \sum_{i=1}^{n} \{y_i - [H_j(x) + \lambda H_{j+1}(x)]\}^2 \tag{3.45}$$

其中,$H_j(x)$ 为前 j 棵残差树的集成学习器,$H_{j+1}(x)$ 为第 $j+1$ 个弱学习器,学习步长为 λ。当给定 $H_j(x)$ 和 $H_{j+1}(x)$ 时,为求得损失函数最小时对应的学习步长 λ,可通过对 λ 进行求导并令导数为 0。

$$\frac{\partial L}{\partial \lambda} = -2\sum_{i=1}^{n}\{y_i - [H_j(x_i) + \lambda H_{j+1}(x_i)]\}H_{j+1}(x_i) = 0 \quad (3.46)$$

于是可得

$$\lambda = \frac{\sum_{i=1}^{n}[y_i - H_j(x_i)]H_{j+1}(x_i)}{\sum_{i=1}^{n}H_{j+1}^2(x_i)} \quad (3.47)$$

改进后的梯度提升回归树算法的结构如图3.16所示，通过上述改进，可以进一步提高模型的精度和效率，从而提升基于改进的梯度提升回归树的Cu元素丰度遥感反演精度。

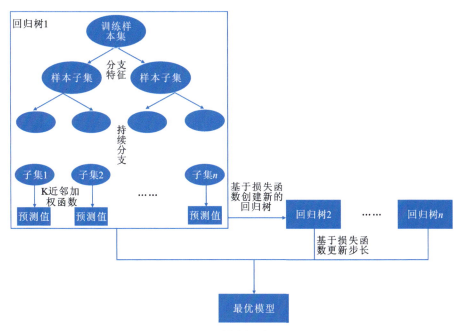

图3.16　改进的梯度提升回归树模型

基于上述方法，谢静静(2022)制作了北阿尔金Cu元素丰度图，如图3.17所示。阿尔金喀腊大湾地区的Cu元素丰度值总体较高，其中在大平沟金矿、喀腊大湾铜矿、祥云金矿等矿区附近以及断裂构造附近的Cu元素丰度值明显高于其他区域，表明改进梯度提升回归树模型在Cu元素丰度预测方面具有一定的正确性。除此以外，Cu元素丰度较高值还出现在喀腊大湾东部当金山口附近，该地区地质研究程度较低，适宜开展遥感找矿工作。

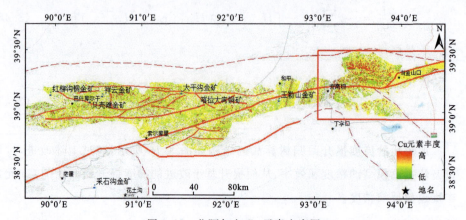

图 3.17 北阿尔金 Cu 元素丰度图

第4章 金属矿产资源多尺度遥感找矿模型

遥感找矿模型是基于典型矿床成矿理论,通过总结已知矿床(点)的控矿要素及特点,建立数学模型来揭示控矿要素与已知矿床(点)间的关系;基于遥感找矿标志提取控矿要素的空间展布格局,并利用上述关系模型对远景区进行预测,实现找矿目的的一套技术方法组合(王钦军等,2017)。该模型具有宏观、客观、近实时、多尺度、经济、快速的特点,在低植被覆盖的金属矿区得到了广泛应用(郭华东,1993;杨建民等,2002;王钦军和蔺启忠,2006a;耿新霞,2008;陈析璆等,2010;王润生等,2011;代晶晶,2012;尹芳等,2014)。

4.1 金属矿产资源多尺度遥感找矿模型

金属矿产资源是地下岩浆活动的产物,讲究的是生、储、盖。生,也就是金属矿产资源的源,它们主要来自地下岩浆中的有益成矿元素或岩浆上升过程中,受温度、压力的变化而造成壳幔混染,地壳中的有益元素得以活化,随着岩浆上涌上升至地表,形成金属矿产资源的源。储,指的是有益矿物或元素通过运移通道向上运移并在有利容矿空间沉淀、聚集,形成矿体或矿床。盖,指的是盖层。相对而言,金属矿产资源的盖层没有像油气藏对盖层的要求那么严格。然而,致密性完整的盖层有利于气态有益元素的富集;反之,疏松破碎的盖层不利于气态有益元素的富集,进而不利于成矿。直通下地幔的大型构造为有益元素提供了上升通道,但在大型构造形成的过程中,很容易造成盖层的极度破碎,不利于有益元素的富集,这也许就是在大断裂处很少直接出现矿床,而在与之临近的小断裂出现矿床的概率却很大的主要原因(王钦军等,2017)。

因此,金属矿产资源是岩浆和构造区域性大面积活动的结果,具有从面到点的多尺度分带特征。按照研究范围的大小,人们将其在宏观尺度上称为成矿带、成矿省,在中观尺度上称为矿田、矿床,在微观尺度上称为矿点、矿体。

找矿模型以发现矿床/矿体为目标,以地质特征、矿床成因和找矿标志为依据,结合经验模型与理论模型形成准则和判据指导找矿。根据研究的不同阶段,形成了区域概略普查、局部找矿和矿床找矿 3 个阶段。区域概略普查主要以寻找成矿带、大型矿集区为目标;局部找矿以寻找赋矿岩系和控矿构造的成矿标志和成矿特征为主要研究内容;矿床找矿则以矿体、矿化和成矿作用的各种标志、特征为主要依据发现矿化点或矿体(施俊法等,2011)。

绝大部分金属矿产资源虽然深埋于地下,但在矿床形成过程中也因岩浆活动造成了地貌类型及其形态的变化,进而形成了遥感找矿标志,如断裂构造、侵入岩体、蚀变矿物分带等标志性产物。随着地下地质环境的改变,地表植被也因"中毒"而无法生长或减缓生长,并由此产生了"光谱变异"等现象。矿区这些有别于周围环境的标志性地貌特征,构成了遥感找矿的"地貌异常"标志;在岩浆活动过程中,温度、压力等成矿环境的改变造成岩石、矿物组分及其结构、构造的变化,形成了有别于周围岩石的蚀变矿物,并由此造成了光谱、色调和纹理的变化,形成了遥感找矿的"图像异常"标志。它们在不同尺度下的遥感找矿标志及其对应的常用遥感数据如表 4.1 所示(王钦军等,2017)。

表 4.1 控矿要素遥感找矿标志表

尺度	控矿要素遥感找矿标志			遥感数据
	构造	岩性	蚀变矿物	
矿带	宏观构造:笔直或带弧形的线性行迹,地貌上表现为断裂破碎带及断层宽谷和断层陡坎;控制大型岩体、地层、水系、超基性岩的分布,有规律错断岩体及水系等;一级地貌单元的分界线;明显的色调异常	地表覆盖物大类,如火山岩、大型侵入岩体、第四纪沉积物、植被、水体等	无	MODIS、NOVAA、等空间分辨率低于 100m 的遥感数据源
矿床	中等尺度的构造:断裂两侧色调差异明显;地质体的错位、平移;水系及岩体被错断,次级地貌单元的分界线	标志性地层、中型侵入岩体等在色调、纹理上与围岩具有显著差异	根据光谱特征,进行波段运算,识别蚀变矿物大类,如铁染、羟基、碳酸盐化、硅化等	TM、ASTER、GF、HJ 星等空间分辨率低于 10m 的数据源

第4章 金属矿产资源多尺度遥感找矿模型

续表 4.1

尺度	控矿要素遥感找矿标志			遥感数据
	构造	岩性	蚀变矿物	
矿点	小型断裂与环形构造：阴影效应显著，明显的线性或环形影纹特征；断裂两侧的色调变化明显	赋矿地层、小型侵入岩体，与围岩呈显著的色调差异	基于蚀变矿物大类，结合地表实测数据，根据纹理、色调和光谱特征划分蚀变矿物亚类，如Al羟基、石英—绢云母化、绿帘石化等	ALOS、QuickBird、WorldView等空间分辨率大于10m的数据源

4.2 金属矿产资源遥感找矿技术流程

以发现矿体/矿（化）点为目标，在遥感找矿模型的指导下，结合成矿理论和多年的遥感找矿工作经验，总结金属矿产资源遥感找矿的技术流程如图4.1所示。

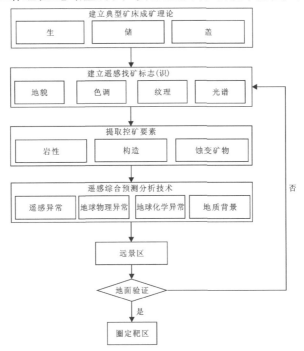

图 4.1 金属矿产资源遥感找矿技术流程图

4.2.1 典型金属矿床成矿理论

基于已有资料,从生、储、盖等成矿条件的角度分析研究区典型矿床与岩性、构造和蚀变矿物等控矿要素间的关系,建立研究区典型矿床成矿理论。在该理论的指导下,分解研究内容,确保各项工作有条不紊、互相配合,最终形成一个统一的有机整体。

下面介绍黑色岩系矿床、块状硫化物矿床、斑岩型矿床、陆相火山岩金矿床、与富碱侵入岩有关的矿床、砂岩铜矿床等6种典型矿床的成矿理论/模型(涂光炽,1999)。

1. 黑色岩系矿床

黑色岩系矿床指赋存于高有机碳(一般>0.5%)含量的浅变质碎屑岩系中的层控矿床,系有机质参与或直接导致金属元素的迁移、富集形成的矿床。此类矿床无论其形成过程或产出空间、时间都与黑色岩系有关。有机质(包括微生物)在成矿元素的活化、迁移、富集以及矿石矿物的结晶等方面起重要作用,富集过程中,金属硫化物可以直接置换有机质,有机质还可以作为还原剂存在于含矿热液中(单卫国等,2004)。除传统的有机质矿床,如石油、天然气、煤、磷矿外,已有研究表明,一些金属、贵金属(包括金、银、铜、铅、锌、锡、铂、钯等在内已有27种)矿床形成的各个阶段也存在有机质的作用,形成了众多大型超大型矿床(单卫国等,2004),如密西西比谷型铅锌矿、卡林型金矿、库普夫契夫型铜银矿及穆龙套式金矿等。此外,热液硫化物矿床的形成也主要与富碳有机质沉积岩的黑色岩系关系最为密切,如智利的曼托型铜矿等。

黑色岩系矿床中目前已发现的金属矿床的矿种很多,其中有色金属主要包括铜(钼、镍)、铅、锌等,黑色金属主要包括铁和锰,贵金属主要包括金、银、铂、钯等。中亚成矿域黑色岩系矿床主要是金矿床,著名的穆龙套金矿带(4500t金储量)就位于乌兹别克斯坦的南天山带。穆龙套地区蕴藏着巨厚含黄铁矿沉积物,在各种地质作用中,深部黄铁矿脱硫并转变为磁黄铁矿,在这一过程中被黄铁矿吸附或包裹的金便转为游离态上升,而为浅部的黄铁矿所截获,使金在浅部逐渐富集。我国西南天山的黑色岩系金矿带中的金矿床,除含金外,锑也常具工业意义(涂光炽,1999)。

黑色岩系中各种金属的富集机制,目前多趋向于漫长地质历史中的多阶段逐步富集理论,即在沉积—成岩—浅变质—后期改造中金属元素的活化—富集。

第4章 金属矿产资源多尺度遥感找矿模型

金属元素可以通过有机质的物理吸附(收)作用和有机化学作用进行初步富集。在后期成矿过程中,金属硫化物和自然金属还可以在有机质(或碳质)发生自变质的情况下,通过金属—有机化合物的分解作用进行金属与有机质的分离(单卫国等,2004)。

纯属黑色岩系沉积直接形成矿床的种类,特别是金属矿床不多。除了铁、锰矿,目前在云南还发现有钒、镍矿。绝大多数黑色岩系矿床的形成,还与其他地质作用有关,特别是热液作用的叠加后才使得金属元素进一步富集。因而,热液作用是矿床形成的关键。黑色岩系内部及其附近是否存在有利于热液形成的岩石组合,也是该类矿床形成的重要条件。这不仅决定了热液类型,而且还会影响热液的运移。从现有黑色岩系矿床发育的地质背景分析,有利的围岩主要是化学活动性强的岩石,如含盐类岩石(包括红层、含石盐和膏盐等)、镁质碳酸盐类等。

黑色岩系矿床中,以海底热液喷流作用形成的矿床(SEDEX矿床)是国际研究的热点(江永宏,2010)。沿大洋中脊裂谷及岛弧张裂带,海底热液、喷气活动是一种普遍的地质现象。海底热液喷流作用被称为"热水沉积成矿作用""热卤水沉积成矿作用""热液喷流成矿作用"。海底热水或热液循环系统能够形成巨量化学沉积岩,特别是硅质岩和金属硫化物的岩(矿)石等。SEDEX矿床的围岩类型主要包括玄武岩、浊积岩及长英质火山岩等(表4.2)。

表4.2 黑色岩系矿床成矿特征(据杨富全,2005,有改动)

类型	岩性	构造	蚀变
黑色岩系矿床	(1)含盐类岩石(包括红层、含石盐和膏盐等)、镁质碳酸盐类。 (2)构造带内有岩浆岩特别是脉岩发育地段。 (3)赋矿岩性为灰色、灰黑色硅质岩、磷块岩、碳质页(板)岩、板岩、燧石层、灰岩、白云岩等	断裂构造控矿明显,矿床或矿田位于缝合带(库姆托尔、萨瓦亚尔顿)、区域大断裂带或大型剪切带上,产于区域断裂交会部位的矿床规模较大(如穆龙套、道吉兹套),矿体位于破碎带中	(1)构造破碎带中大面积的热液蚀变及水热角砾岩等热致物质发育地段。 (2)变质粉砂岩、变质泥岩、片岩、碳质千枚岩、含碳变质粉砂岩、碳质绢云母片岩等。 (3)围岩矿化蚀变有硅化、黑云母化、钠长石化、钾长石化、绢云母化、绿泥石化、碳酸盐化等

2. 块状硫化物矿床

块状硫化物矿床（volcanogenic massive sulfide deposit，VMS），亦称黄铁矿型矿床，是一种海相火山—次火山热液矿床。这类矿床产于海相火山岩系中，矿石多为块状、网脉状，主要由 Fe、Cu、Pb、Zn 等的硫化物组成，常伴有 Au、Ag、Co 等多种有益组分以及重晶石、石膏和硬石膏等非金属矿。

按含矿岩系的性质可将它们区分为两类：一类是沉积岩容矿的块状硫化物矿床，另一类是火山岩容矿的块状硫化物矿床。它们在中亚成矿域均较为发育，且在时空分布上差别较大（表 4.3）。

沉积岩容矿的块状硫化物矿床，主要以浅变质、含少量火山物质的碎屑岩为容矿围岩。它们产于中、晚元古代浅变质岩系中，以铅、锌、铜作为主要金属元素。例如内蒙古狼山的东升庙超大型块状硫化物矿床、西伯利亚贝加尔湖的霍洛德宁和戈瑞夫斯克超大型块状硫化物矿床等。

火山岩容矿的块状硫化物矿床，主要分布于我国及哈萨克斯坦的阿尔泰地区，含矿地层时代主要为晚古生代，围岩轻度变质。金属元素亦以铅、锌、铜为主，如围岩火山岩基性组分增多，则铜含量增高。火山岩容矿的块状硫化物矿床常出现矿床垂直分带，即上部多锌、中部多铅、下部多铜。例如哈萨克斯坦阿尔泰的列宁诺哥尔斯克、滋痕诺夫斯克超大型块状硫化物矿床，以及我国新疆阿勒泰的阿舍勒铜矿床等。

表 4.3 块状硫化物矿床成矿特征（据罗小平，2018，有改动）

类型	岩性	构造	蚀变
火山块状硫化物矿床（VMS 型）	（1）VMS 型矿床海底喷气沉积成因的典型标志为条纹状、块状和细脉浸染状矿石有机组合及其自上而下的规则分带。（2）矿物以黄铁矿、磁黄铁矿为主，少量白铁矿，其次是黄铜矿、斑铜矿、辉铜矿、闪锌矿、方铅矿、青铜矿、磁铁矿。	（1）VMS 型矿床是海底火山环境中的产于海相火山岩、火山沉积岩系中的同生喷流—沉积矿床，因而顺层找矿是重要的找矿思路。（2）除地层控矿外，火山喷流矿床也受基底断裂控制，在主要断裂的交会部位控制了块状硫化物的产出。	VMS 型矿床围岩蚀变的强度、范围、形状等具分带特征，具体可划分为 4 种蚀变带：①上盘蚀变，以黏土化为主；②矿层蚀变透镜体，岩屑和角闪石、黑云母、斜长石等矿物蚀变成绿泥石、绢云母和石英等；③下盘蚀变岩筒，为强蚀变区；

续表 4.3

类型	岩性	构造	蚀变
火山块状硫化物矿床(VMS型)	(3)矿体与围岩整合产出,顺层分布,矿体常呈层状、透镜状,其下为网脉状矿体。 (4)石英斑岩和白色流纹岩穹窿组合,与VMS型矿床有密切的空间分布关系,在铅锌型矿床块状硫化物产出的火山岩层中或附近可见到酸性集块岩,随着碎屑粒度的减少,在侧向上过渡为角砾凝灰岩或凝灰岩	(3)VMS矿床具有典型的双层矿化结构,即上部为层状矿体,由经蚀变岩筒喷流到海底的成矿溶液沉淀而成(降温降压、与海水反应、溶液变饱和),下部为溶液运移的通道中交切的细网脉—浸染状矿化	④底部不整合蚀变带,横向蚀变范围大,蚀变矿物组合有石英、绿泥石、绿帘石和次生钠长石。通常矿区内不会出现完整的4种蚀变带,常只出现3种蚀变带

3. 斑岩型矿床

斑岩型矿床是指空间分布和成因上与弱酸性斑岩小侵入体有关的规模巨大、低品位细脉浸染型矿床,其矿体可以在斑岩体内,也可以在围岩中,主要形成于聚合板块的活动大陆一侧,一般为典型的边缘构造岩浆活动带的陆缘弧和岛弧环境,裂谷环境也有斑岩铜矿产出(冯京等,2010),主要包括斑岩型Cu(Mo、Au)、斑岩型Mo、斑岩型Au和斑岩型Pb-Zn等矿床类型,如哈萨克斯坦的阿克托盖(铜储量约1200万t)、乌兹别克斯坦的卡马基尔-达尔涅(铜储量约1600万t)、我国新疆的土屋-延东斑岩铜矿(铜储量约300万t)(熊健州,2017)。

斑岩铜矿是指与具有斑状结构的花岗岩类侵入体共生的浸染状、细脉浸染状和细脉状铜和钼-铜组分的富集体(表4.4)。它的形成条件是发育一定规模的斑岩体,具有通达下地壳直至地幔的深大断裂、岩体中发育密集的节理及小断层和破裂裂隙,热液蚀变分带明显且面积较大。前人分别从成矿背景、成矿时代、含矿岩石、地质建造、蚀变组合等角度总结了科翁拉德、阿克都卡、包古图等典型斑岩铜矿的矿床特征(申萍等,2010;李光明等,2008;杨富全等,2005;张洪涛等,2013)。

表 4.4　斑岩型矿床成矿特征（据李光军等，2005，有改动）

类型	岩性	构造	蚀变
斑岩型铜矿	（1）亚碱性—钙碱性系列的玄武岩—安山岩组合，附近常伴有斑岩型或矽卡岩型铜（多金属）矿产出。 （2）次火山岩或超浅成岩贯入斑岩体，从中性到酸性的多期次分异程度高的地段，特别是多种岩类构成的杂岩体，往往有斑岩型或矽卡岩型铜（多金属）矿产出	深大断裂旁侧的次级两组断裂交会部位，特别是多种岩类的杂岩体、裂隙发育地段	（1）金属矿物有黄铜矿、孔雀石、斑铜矿、铜蓝、方铅矿、磁铁矿、黄铁矿、磁黄铁矿、辉钼矿等。 （2）脉石矿物为石英、长石、黑云母、绿泥石、绢云母、角闪石、绿帘石、方解石等。次生矿物有孔雀石等。 （3）蚀变分带与含矿热液沿一定通道不断上升，并向四周扩散、渗透、与对流循环有关。由岩体中心向外依次划分为强硅化带、钾硅化带、绢云岩化带、青磐岩化带；围岩发育有少量外来物质参加的热变质，表现为碎屑岩的角岩化，并伴有黄铁矿化、黑云母化

4. 陆相火山岩金矿床

陆相火山岩金矿床主要是指那些赋存于陆相火山岩—次火山岩系中的金矿床，也包括那些产于与火山岩—次火山岩系毗邻的地质体中而又具备陆相火山岩型金矿床地质、地球化学特征的矿床（表 4.5）。此类金矿有如下特点：①主要分布于大陆边缘活动带及新生代岛弧区；②矿床以浅成低温为特征；③矿床常受区域性断裂构造，特别是受张扭性断裂交叉部位的控制，矿体的产状、形态受火山机构（火山口、火山通道、环状及放射状断裂及火山岩墙）以及构造破碎带的控制；④矿体常分布于分异良好的火山岩、次火山岩内，区内常见火山喷气和热泉等现象，火山角砾岩发育；⑤围岩蚀变广泛而强烈，金银矿化常与硅化相伴生，其次在不同的热液阶段有伊利石—绢云母化、泥化、青磐岩化、黏土化、明矾石化、重晶石化；⑥火山岩型金矿一般延深较小，很少超过 1000m。金银常共生于同一矿床。金银常呈不同比例，有时金大于银，有时反之。金银可以各自呈自然状态，也常呈银金矿，金银有时具垂直分带，通常金在上，银在下（涂光炽，1989）。

在乌兹别克斯坦、哈萨克斯坦，以及我国新疆的阿尔泰、东西准噶尔、东西天山都发现了这一类型金矿床,如乌兹别克斯坦的可奇布拉克金矿的金储量达到160t。

表4.5 陆相火山岩金矿床成矿特征(据涂光炽,1989,有改动)

类型	岩性	构造	蚀变
陆相火山岩金矿床	金银矿床常赋存于陆相火山岩系中的凝灰质、火山碎屑岩石中,而熔岩中较少	(1)陆相火山岩型金矿床常受构造控制(断裂、破碎带、破火山口、角砾岩化带等),常在浅部成矿。(2)矿床有时赋存于环状或放射状构造中,这种构造在一定条件下可能与破火山口有关	(1)围岩蚀变:硅化、钾化,蚀变矿物是冰长石、明矾石、水云母等。(2)在垂向上分为上、下双层蚀变分带,上有绢云母化、地开石化、明矾石化,下有钾长石化、黑云母化、青磐岩化(魏仪方和刘春华,1996)

5. 与富碱侵入岩有关的矿床

与富碱侵入岩有关的矿床是指矿床赋存在富碱侵入体接触带,产状与岩体有密切空间关系的矿床(表4.6)。在苏联的远东地区、南太平洋诸岛、加拿大柯克兰、美国克里普尔克里克和巴布亚新几内亚利希尔等地的富碱侵入岩中及其附近相继发现了若干大型—超大型金矿床。与此同时,在我国河北东坪、后沟、云南北衙、姚安、金厂箐等地的富碱侵入岩中也相继发现了具有一定规模的金矿床。这些矿床的发现使人们逐渐认识到,开展富碱侵入岩与金成矿关系的研究具有重要意义(毕献武等,2001)。

与碱性岩有关的金矿床主要分为3种类型,即热液—淋滤富集型、含金剪切带型和熔结角砾岩型。富碱浅成侵入体的成矿作用主要表现为区域构造活动引发淋滤富集作用和含金剪切构造带成金作用;位于基底源区出露的一些富碱侵入体的成矿作用,主要表现为爆发角砾岩和热液蚀变(张正伟和戴耕,1995)。

矿床赋存在正长斑岩和浅成富碱侵入体接触带,产状与脉状正长斑岩有密切空间关系;中深侵位侵入岩主要包括过碱性系列副长石正长岩、霓辉正长岩和绿闪正长岩,碱性系列角闪正长岩和碱性花岗岩类;也有浅成或超浅成正长斑岩、正长岩脉,以及受变质变形作用影响较大的绢云母化正长岩、变正长斑岩和变粗面岩类。岩体多呈小岩株、岩瘤和岩脉产出。中深成相侵入岩与浅成脉岩群相伴出现,在空间上具成群、成带分布的特点。

区域构造控制了矿带的分布,构造控矿作用十分明显,主要有先张后压且抬升的区域构造,含金剪切带和岩体顶蚀构造。

围岩蚀变较弱,矿物组合和矿石结构构造显示中低温热液活动特点。矿石矿物主要为硅化较强的褐铁矿,含金量随硅化增强而增高。矿物组成主要有褐铁矿、黄钾铁矾和硅质碎屑。脉石矿物主要有石英、绢云母和高岭土。矿体围岩为石英绢云绿泥片岩,发育绿泥石化、硅化和黏土化,且以强烈片理化为主要特征。

表 4.6　与富碱侵入岩有关的矿床成矿特征(据张正伟和戴耕,1995,有改动)

类型	岩性	构造	蚀变
与富碱侵入岩有关的矿床	矿床赋存在正长斑岩和浅成富碱侵入体接触带,产状与脉状正长斑岩有密切关系	先张后压且抬升的区域构造,含金剪切带和岩体顶蚀构造	石英绢云绿泥片岩,发育绿泥石化、硅化和黏土化

6. 砂岩铜矿床

砂岩型铜矿是指受盆地控制的以沉积岩或沉积变质岩为容矿岩石的层状铜矿床,又可称为沉积型层状铜矿床。砂岩型铜矿床的赋矿围岩既可以是陆相/海相碎屑沉积岩,也可以是海相碳酸盐岩、碳质页岩及火山碎屑岩等(许明保,2017)。

从世界范围来看,沉积岩容矿的层状铜矿占世界探明铜储量和产量的23%左右,仅次于斑岩型铜矿,居世界第二位。根据其含矿岩相分为陆相砂岩型铜矿与海相砂岩型铜矿。其中,陆相砂岩型铜矿世界范围内所占比例甚小,我国该类型矿床主要分布于南方中新生代沉积盆地,探明储量占我国全部铜储量的2.4%(时文革,2017)。

我国的砂岩型铜矿床以陆相型为主,主要分布于兰坪-思茅盆地、楚雄盆地、塔里木盆地以及它们的次级盆地之中,少量产于大型褶皱系山间转换盆地中。我国陆相砂岩型铜矿主成矿时段为侏罗纪—白垩纪,其次为新近纪、古近纪和三叠纪。主要的矿床有塔里木盆地的伽师、萨热克,楚雄盆地的六苴、郝家河、大村,兰坪-思茅盆地的白龙厂、南坡、登海山,以及会理盆地的铜厂等(表 4.7)。

多数砂岩型铜矿的矿体呈层状、矿体厚度稳定、矿石组分中伴生银且含量较高,可综合利用。近年研究发现,砂岩型铜矿并非单一的沉积矿床,多数存在后期改造的二次富集成矿作用(白洪海和石玉君,2008)。

含矿盆地的沉积建造组合以发育还原性建造、氧化建造及蒸发盐建造为特点,具有相当浓度的卤水流经砂岩型铜矿地层时,铜矿中某些含铜矿物会被适量溶解,重新搬运并聚集成矿(刘英俊,2019)。铜矿床受成熟期河床亚相边滩微相区或洪泛平原决口扇微相控制,部分受三角洲分流河道相控制,成矿岩性主要为中细粒砂岩,也包含砾岩、泥岩等。

砂岩型铜矿以同生断裂和物理化学界面构建成矿空间格架。盆地边缘叠加同沉积断裂构造、层间岩性界面、沉积间断面、不整合面,具有显著的氧化还原或者酸碱转换界面。同一岩性层内,一侧氧化,另一侧还原,矿体往往赋存于氧化还原过渡部位;金属矿物不论是沿层或者垂直分带特征为赤铁矿—辉铜矿—斑铜矿—黄铜矿—黄铁矿;金属元素从还原带到氧化带总体呈现 Zn—Pb—Cu—Ag—Au 的元素分带特征;成矿流体表现为低温、低盐度、混合来源的特征,金属硫化物的硫源来自地层生物硫,部分矿床也有深部岩浆硫的混入(许明保,2017)。

表 4.7 砂岩铜矿床成矿特征(据许明保,2017,有改动)

类型	岩性	构造	蚀变
砂岩铜矿床	(1)陆相/海相碎屑沉积岩,海相碳酸盐岩、碳质页岩及火山碎屑岩。 (2)含矿盆地沉积建造组合,以发育还原性建造、氧化建造及蒸发盐建造为特点。 (3)成矿岩性主要为中细粒砂岩,也包含砾岩、泥岩等	(1)矿床受盆地边缘断裂构带控制,呈带状成群分布。 (2)盆地边缘叠加同沉积断裂构造、层间岩性界面、沉积间断面、不整合面,具有显著的氧化还原或者酸碱转换界面	(1)近矿围岩大规模褪色为主,次为绢云母化、碳酸盐化等(王伟等,2018)。 (2)石英与长石均发生次生加大现象。 (3)紫色砂岩的胶结物中含有较多的赤铁矿和黏土矿物。 (4)浅色砂岩中的胶结物则以钙质、硅质为主,基本不含赤铁矿。 (5)地表存在孔雀石化

4.2.2 金属矿产资源遥感找矿标志

金属矿床及其与控矿要素间关系的结果表明：矿区往往呈现"地貌异常"和"图像异常"标志。例如构造两侧的地貌、色调和纹理异常；侵入岩与围岩显著的物质成分差异造成它们在影像上的色调、纹理和环形构造异常；蚀变带中的蚀变矿物组分与周边围岩的物质成分差异，造成它们在遥感图像上的色调、光谱异常；矿区中毒植被与正常植被间的微量元素、含水量和水分含量的差异，造成它们在图像上表现出色调和光谱变异。

综上所述，矿区的地貌景观、物质成分及其属性的差异在遥感影像上表现出的光谱、色调和纹理异常，成为直接遥感找矿标志。

为了突出上述遥感找矿标志等弱信息，提出了相应的示矿弱信息增强方法，如利用比值等方法突出光谱差异、利用主成分分析法（PCA）或最小噪声变换方法（MNF）等突出色调差异（Andrew and Green，1988）、利用 Gabor 变换或 RAIN 变换等方法突出图像纹理差异等。

4.2.3 金属矿产资源控矿要素提取

受地表覆盖、光谱混合等干扰因素的影响，这些金属矿产资源遥感找矿标志在图像上表现为弱信息。如何更好、更有效地提取这些弱信息，服务于找矿事业成为遥感找矿技术发展的原动力。因此，在建立遥感找矿标志的基础上，总结它们在遥感影像上的特点，并发展岩矿弱信息提取技术与方法，进而为预测找矿远景区提供科学依据，成为控矿要素信息提取的关键。

基于控矿要素在遥感图像上的特点，人们发展了掩膜＋主成分变换的岩性信息提取技术（马建文，1997），光谱相关能级波形匹配蚀变矿物提取技术（王钦军等，2006）、基于人工独特型网络模型的构造信息提取技术等（刘庆杰和蔺启忠，2008）。

在实际操作过程中，除了上述算法以外，还需要利用 GIS 处理软件分层管理岩性、构造、蚀变等控矿要素。通过叠加分析，为预测远景区提供科学依据。

4.2.4 改进证据权重法的成矿远景区预测

在控矿要素遥感信息提取的基础上,结合区域地球物理和地球化学资料,通过发展多元信息遥感综合预测分析技术(黄彰等,2014)、证据信度模型(龙亚谦,2014)等,综合遥感、地质、地球物理和地球化学资料,预测找矿远景区。

证据权重法是综合多元信息,有效实现金属矿产资源成矿有利度评价的地学统计方法。它采用统计分析模式,对与矿产形成相关的地学信息进行叠加分析,实现成矿远景区的预测。其中,每一种地学信息都被视为成矿远景区预测的一个证据因子,同时,该因子对某一地区金属矿产资源成矿有利度评价的贡献程度是由其权重值来确定的。

传统证据权重法局限在于:计算所得的成矿有利度(后验概率 P)严重依赖于空间规则矩形网格划分,小尺寸矩形有矿单元的作用在权重计算中常常被忽略掉,成矿有利度被低估却增加了计算的时间;二元模式的分析只简单考虑矿点的存在与否,缺乏对已知矿点规模的考虑,从而削弱了大规模矿床的作用,没有充分发挥矿点规模对证据因子权重设置的作用。

鉴于此,通过"按照已知矿点规模大小区别设置权重"和"基于泰森多边形区分有矿单元和无矿单元",黄彰等(2014)提出了"改进证据权重法的成矿远景区预测模型",并将其应用到新疆托里地区铜金矿预测中,取得了良好效果。

1. 按照已知矿点规模大小区别设置权重

根据研究区的地质矿产基础底图,按照已知矿点规模将其划分为小型、中型和大型矿点,并用 Y^{1+}、Y^{2+}、Y^{3+} 表示小型、中型和大型矿点在位置 x 处存在;为了区别矿点规模的找矿指示性作用,定义 Y^+(矿点在位置 x 处存在)、Y^{1+}、Y^{2+}、Y^{3+} 之间的关系式为

$$P(Y^+) = P(Y^{1+}) + 1.5 \times P(Y^{2+}) + 2 \times P(Y^{3+}) \tag{4.1}$$

相应地,对于每一证据因子,其权重计算变为

$$\bar{\omega}_j^+ = \ln\left\{\frac{p(Z_j^+ \mid Y^{1+}) + 1.5 \times p(Z_j^+ \mid Y^{2+}) + 2 \times p(Z_j^+ \mid Y^{3+})}{p(Z_j^+ \mid Y^-)}\right\}(j=1,2,\cdots,m)$$

$$\bar{\omega}_j^- = \ln\left\{\frac{p(Z_j^- \mid Y^{1+}) + 1.5 \times p(Z_j^- \mid Y^{2+}) + 2 \times p(Z_j^- \mid Y^{3+})}{p(Z_j^- \mid Y^-)}\right\}(j=1,2,\cdots,m)$$

$$\tag{4.2}$$

2. 基于泰森多边形区分有矿单元和无矿单元

在常规证据权重法中,有矿、无矿划分的基础单元和成矿有利度的评价单元都是规则矩形,其形成方式需要人为估计所需绘制的矩形格网范围,结果受起始位置、格网单元大小影响。针对相同数据,使用不同的矩形尺寸可能得到不同的结果,且容易出现多个矿点集中分布于一个评价单元的情况,不含矿点的评价单元数目较多,导致有效信息利用不充分。基于此,黄彰等(2014)提出了基于泰森多边形区分(图4.2)有矿单元和无矿单元的方法,从已知矿点整体分布特征出发,形成研究区的泰森多边形分布格局,并通过阈值分割来区分有矿单元和无矿单元。

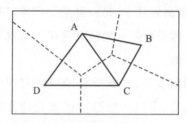

图4.2 Delaunay三角网示例图(Thiessen,1911)

泰森多边形的特征如下:①泰森多边形内的点到相应的离散点的距离最近;②每个泰森多边形内有且仅有一个离散点数据;③泰森多边形边上的点到其他两边的离散点的距离相等;④需要先构造Delaunay三角网,才能构造泰森多边形。

第一,构建Delaunay三角网,即构建不规则三角网,也称为自动联接三角网。其核心是确定哪3个数据点构成一个三角形,由离散数据点构建三角网。利用其中相近的三点形成最佳三角形,从而使每个离散点都成为三角形的顶点。构建Delaunay三角网时,需遵循以下准则:①唯一性,任何一个Delaunay三角网的外接圆不能包含任何其他离散点;②最小角最大化准则,相邻两个Delaunay三角形构成的凸四边形,在交换凸四边形的对角线之后,6个内角的最小角不再增大。

第二,生成泰森多边形。泰森多边形与Delaunay三角网互为对偶图,基于Delaunay三角网可以生成泰森多边形。具体步骤如图4.3所示:离散点构建三角网,即构建Delaunay三角网;找出每个离散点相邻的所有三角形的编号;对与离散点相邻的三角形按顺时针或逆时针排列,以便连接成泰森多边形;依次计算并记录每个三角形的外接圆圆心;根据三角形的顺序,依序连接所有外接圆圆心。

第 4 章　金属矿产资源多尺度遥感找矿模型

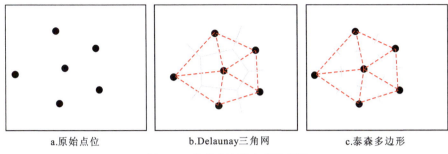

a.原始点位　　　　b.Delaunay三角网　　　　c.泰森多边形

图 4.3　泰森多边形生成示意图

定义阈值 $t_s = 1/$已知矿点总数：各泰森多边形占研究区总面积比的平均值。若某一泰森多边形的面积 S_T 和研究区的总体面积 S_{sum} 的比值 $S_T/S_{sum} > t_s$ 时，将该多边形覆盖区域视为"无矿单元"，否则为有矿单元。

如图 4.4 所示，由已知矿点分布位置生成泰森多边形，作为区分是否含矿的基本单元，能保证每个含矿单元有且存在一个已知矿点，且矿点与多边形的相对位置具有地理统计学的意义，能反映矿点分布的集群性；矿点处于每个单元的质心位置，用矿点表示对应多边形区域的矿产产出情况具有代表性。由已知矿点分布位置生成泰森多边形，作为区分有矿单元与无矿单元的基本单元，能保证区域划分结果的唯一性，生成的含矿单元能有效反映研究区矿床分布的集聚性，防止用频率代替概率计算权重值时有矿单元作用的减弱。

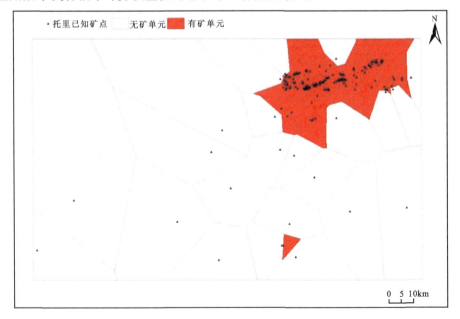

图 4.4　基于泰森多边形区分有矿单元与无矿单元示意图

根据上述改进方法的两点,得到证据因子 j 权重计算表达式为

$$\begin{aligned}
\bar{\omega}_j^+ &= \ln\left\{\frac{p(Z_j^+ \mid Y^+)}{p(Z_j^+ \mid Y^-)}\right\} \\
&= \ln\left\{\frac{(S_B \cap S_{D1}) + 1.5 \times (S_B \cap S_{D2}) + 2 \times (S_B \cap S_{D3})/S_D}{S_B \cap S_{\bar{D}}/S_{\bar{D}}}\right\} \\
\bar{\omega}_j^- &= \ln\left\{\frac{p(Z_j^- \mid Y^+)}{p(Z_j^- \mid Y^-)}\right\} \\
&= \ln\left\{\frac{(S_{\bar{B}} \cap S_{D1}) + 1.5 \times (S_{\bar{B}} \cap S_{D2}) + 2 \times (S_{\bar{B}} \cap S_{D3})/S_D}{S_{\bar{B}} \cap S_{\bar{D}}/S_{\bar{D}}}\right\}
\end{aligned} \quad (4.3)$$

式中:S_{D1}、S_{D2}、S_{D3} 分别为含小型、中型和大型矿点的面积。

然后,根据实际需要,选择适当尺度的规则矩形作为评价单元,将上述计算所得的权重值映射到规则矩形评价单元中。利用泰森多边形区分有矿单元与无矿单元,并基于此计算得到反映成矿可能性的后验概率值。采用的先计算权重值再映射到矩形评价单元的方式能有效规避规则矩形格网划分方式不同对研究区成矿有利度的估算影响。

综合以上方法,改进的证据权重法能充分利用先验知识计算各评价单元的先验概率,由此更加准确地计算后验概率以评估评价单元的成矿有利度。

4.2.5 地面验证

在圈定远景区的基础上,利用 GPS、相机、地质锤、罗盘、放大镜等工具进行野外考察,并采样。以查验岩性、构造和蚀变矿物提取结果,尤其是野外矿化现象的发育情况;化验分析这些控矿要素的矿物、元素含量,进而评估控矿要素遥感信息提取的准确性。

地面验证结果不仅为圈定靶区提供了科学依据,而且还通过总结分析遥感找矿关键技术的优缺点,并对其进行修正,进一步提高远景区预测的准确性。

4.2.6 靶区圈定

以典型矿床的遥感找矿模型研究为基础,通过多源遥感数据的综合应用、多尺度的遥感异常筛选和综合研究。在确定重点远景区的基础上,通过开展大比例尺遥感、地质、地球物理和地球化学化学填图,结合探槽取样的实验室分析结果圈定靶区,并根据矿化异常的大小及其工业可开采品位对靶区进行分类。

第 4 章 金属矿产资源多尺度遥感找矿模型

地质填图是矿产普查和勘探中的一种基本工作方法,即对工作地区或已发现的矿区进行系统的地质观察,测制一定比例尺的地质图,查明工作地区或已发现矿区的地质构造特征和矿产形成、赋存的地质条件,为进一步地找矿或勘探工作,提供资料依据。在野外填图过程中一般以穿越法为主,并辅以追索法。将各条填图路线中的各观察点,根据所观测到的内容(如岩性)的相似性、地质体产状及区域地质构造现象等,并按所确定的填图单位,合理地互相连接起来便圈绘出了填图区域内的地质体和地质现象,形成了野外地质图。通过大比例尺地质图进一步揭示矿化点或矿体与构造、岩性、蚀变等控矿要素之间的关系。

不同矿物与岩石的物理特征不同能引起物理场的局部变化,如磁性、密度和放射性等。地球物理探测技术就是借助相应的仪器测量提取出异常信息,为了解深部矿体的情况提供了科技支撑。地球物理探测在国内外找矿工作中已经被证实效果良好,可以作为找矿的重要参考(马涛峰,2018)。

地球化学探测是以地球化学理论为基础,通过勘测天然物质的化学元素在空间上的分布变化规律及矿化富集程度,发现其中的化学异常、划分有利区域,进而指导成矿预测,达到缩小找矿范围、增加找矿针对性的目的。在圈定靶区的过程中,需要通过地球化学手段测试金属元素的实际含量,以确定其是否能达到工业开采价值。

根据上述步骤,预测新疆托里地区的成矿远景区如图 4.5 所示。

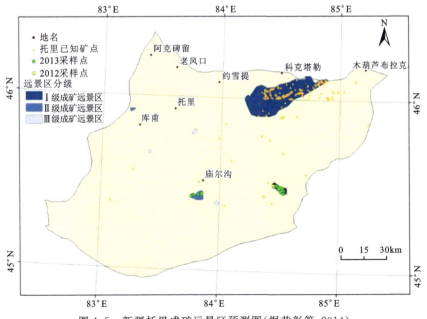

图 4.5 新疆托里成矿远景区预测图(据黄彰等,2014)

第5章 典型案例

本章主要以新疆西准噶尔—环巴尔喀什和新疆阿尔金地区为例,分别介绍了金属矿产资源遥感在斑岩型铜矿和热液蚀变型铜(金)矿中的应用,为开展此方面工作的相关人员提供案例。

5.1 新疆西准噶尔—环巴尔喀什斑岩型铜矿遥感

5.1.1 研究区

研究区位于准噶尔盆地的西北缘,地理坐标范围 82°20′—86°20′E,45°20′—47°20′N,南起艾比湖,北至斋桑湖,西起巴尔喀什,东至和布克赛尔,面积约 47 万 km²。它隶属于著名的中亚成矿域,先后经历了陆缘增生、后碰撞和陆内造山作用,形成了世界级的大型、超大型矿床(肖文交等,2008),主要矿床类型包括金、铬、铜、石棉、蛇纹石、水晶等。其中,该区的斑岩铜矿是世界闻名的成矿类型,如著名的环巴尔喀什斑岩铜、金矿带,西准包古图斑岩铜矿区等均属于此种类型(图 5.1)。

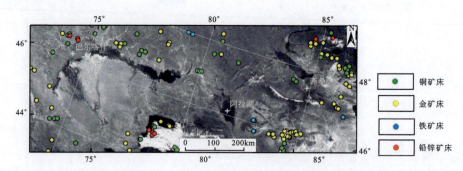

图 5.1 西准噶尔—环巴尔喀什湖成矿带主要矿床空间分布图

研究区在地质历史上经历了大陆基底形成、古亚洲洋陆缘增生和滨西太平洋大陆边缘活动及陆内断块升降等多个阶段，形成了多期次、多类型的火山岩、花岗岩、基性岩、超基性岩、蛇绿岩带及变质岩带，造就了多种有利的成矿环境（陈宣华等，2009）。古生代地壳生长和演化的多阶段、多旋回物质的活化—再活化、成矿环境的长期性和周期性，导致中亚成矿域内成矿物质的多次迁移和聚集（朱永峰等，2007）。从弧后洋的构造背景（火山块状硫化物 Cu-Au 矿床）发展到受俯冲控制的钙碱性岩浆活动（斑岩型铜矿床），随后进入低程度部分熔融的地壳分异作用和广义的岩浆内部分离作用阶段（斑岩型钼矿床和石英脉-云英岩型钨钼矿床），最后形成非造山的二叠纪大陆裂谷（过碱性钠闪石花岗岩 REE-Zr-Nb 富集系统）（陈宣华等，2011）。

伴随着多期次构造活动，形成了从外向内逐渐变化的多类型矿床：寒武纪—奥陶纪，在环巴尔喀什的外环地区形成了块状硫化物型矿床和各种铜-金矿床；志留纪—泥盆纪，形成了锡、钨、钼、铜、金矿床；石炭纪—二叠纪，在环巴尔喀什的内环地区形成了规模巨大的斑岩型铜、钼、金矿床，热液型钨、金、铜矿床和与碱性岩浆演化有关的稀有—稀土金属矿床。在空间上由外向内，时间上从早古生代逐渐变化到晚古生代，矿床类型从块状硫化物型演化到斑岩型—矽卡岩型—中低温热液型，成矿环境从海底演化到大陆边缘（或者大陆弧），并最终发展到大陆内部（大陆裂谷）（朱永峰等，2007）。

5.1.2 数据及其预处理

收集/购买了覆盖研究区的 MODIS 数据 1 景、TM 数据 19 景；重点区 ASTER 数据 23 景、1：50 万和 1：20 万地质图数据 14 景、测量光谱数据 19 110 条、元素含量样本 6293 个。

对遥感图像数据进行了几何校正，物理参数（反射率、发射率等）反演等预处理；对光谱数据进行了去噪等预处理。

5.1.3 西准噶尔—环巴尔喀什斑岩型铜矿遥感找矿模型

1. 研究区典型斑岩型铜矿矿床特征

斑岩型铜矿是指与具有斑状结构的花岗岩类侵入体共生的浸染状、细脉浸染状和细脉状铜和钼-铜组分的富集体。它的形成条件是：发育一定规模的斑岩体，具有通达下地壳直至地幔的深大断裂，岩体中发育密集的节理及小断层和破裂裂隙，热液蚀变分带明显且面积较大。

前人分别从成矿背景、成矿时代、含矿岩石、地质建造、蚀变组合等角度总结了科翁腊德、阿克都卡、包古图等典型斑岩铜矿的矿床特征（申萍和沈远超，2010；李光明等，2008；杨富全等，2010；张洪涛等，2013）。

1) 构造

研究区的斑岩铜矿主要分布在岛弧、火山-侵入岩带的大地构造环境中。区域内大型断裂较发育，成为控矿的主要因素。例如科翁腊德矿床周围就发育中哈-纳伦断裂、博舍库利-乌赤别里山断裂、科翁腊德-塔城断裂、杰兹卡兹甘-斋桑-阿尔泰断裂等大断裂；阿克斗卡矿床位于捷克利-萨雷贾兹南北向断裂、科翁腊德-塔城东西向断裂和库拉马北东向断裂交会处，且矿体内发育阿克斗卡断层和伊克巴斯断层；新疆西准的包古图斑岩铜矿床受达拉布特断裂的控制。众多斑岩矿床周围线性构造比较密集，多为树枝状展布，小型断层分布广泛，为成矿提供了有利容矿空间。

2) 地层和侵入岩

研究区的典型斑岩铜矿床主要集中在加里东期—华力西期中浅层侵位的中酸性侵入岩—火山岩带的造山期建造发育地区，主要含矿岩石类型包括闪长岩、石英闪长岩、花岗闪长岩、闪长玢岩等。晚三叠世沉积层无论对于斑岩岩浆侵位或是伴随的喷气和温泉活动都有良好的屏蔽作用，它们使挥发组分和矿质不易散逸掉，造成金属和硫化物大量堆积于斑岩体顶部和附近围岩。

3) 蚀变矿物

研究区的典型斑岩铜矿床自岩体向围岩依次分为黑云母—钾长石化带、石英、绢云母—黄铁矿化带和绿帘石—钠长石化带；特征蚀变矿物包括黑云母、绢云母、黄铁矿、白云母、绿泥石、黝帘石、钠长石等。利用上述蚀变矿物类型、蚀变强度和分带特征，不仅可以识别地面矿体的形态，而且还能指示地下盲矿体的存在。

2. 研究区典型斑岩铜矿遥感找矿模型

在剖析典型矿床的基础上，通过分析研究区区域成矿地质背景，总结研究区典型矿床的遥感找矿模型如下：

1) 构造

矿点与构造展布间空间关系的结果表明,矿点大多分布在大型构造的周围;在大型构造控矿的背景下,与之平行或成羽状分布的次级断裂为矿物质的充填提供了容矿空间;多组构造的交会处,尤其是北西西向构造与北东向构造、环形构造的交会处成为大型矿床产出的有利部位。

2) 岩性

矿床多分布在多个侵入岩体之间。华力西期的中酸性侵入岩、黑云母石英二长岩、花岗斑岩、石英斑岩是主要的成矿母岩,小型侵入岩体及其外围接触带是铜金属矿的直接找矿标志。

3) 蚀变矿物

矿点发育明显的矿化蚀变现象,如钾化、硅化、黄铁矿化、黄铜矿化、斑铜矿化、碳酸盐化、孔雀石化等。多类型蚀变矿物的叠加区成为找矿的有利区带。

据此,王钦军等(2017)提出了"小型侵入岩体异常＋线性构造异常＋蚀变矿物异常"的遥感找矿模型,黄彰等(2014)通过建立"基于 GIS 的改进证据权重法"实现遥感、地质、地球物理、地球化学等多元异常信息的叠加分析。在遥感找矿模型指导下,首先通过提取侵入岩体、构造和蚀变矿物等控矿要素,结合地球物理、地球化学异常数据;然后通过叠加分析、计算成矿后验概率等方法预测遥感找矿远景区;最后通过地面验证对远景区进行综合评价,圈定遥感找矿靶区。

5.1.4 远景区预测

成矿远景区是在成矿预测或区域地质矿产调查、矿产普查的基础上,根据成矿规律的研究结果而推测圈定的进一步矿产普查的重点区,一般与四级成矿区带相对应。

1. 控矿要素遥感信息提取

控矿要素遥感信息主要包括构造、岩性和蚀变矿物信息。它们的提取过程与结果介绍如下。

1) 构造信息提取

基于 MODIS、ETM、ASTER 等数据,利用"3.2.2 构造信息遥感提取技术"提取了环巴尔喀什湖和西准噶尔地区的断裂构造及环形构造,并对不同方向构造的规模、性质进行统计分析(图 5.2)。结合区域已有地质矿产资料综合分析构造与矿化关系。结果表明:环巴尔喀什湖地区断裂构造以北西向断裂构造为主,西准噶尔地区以北东/近东西向的断裂居多。总体而言,北西向断裂控制研究区大的地貌格局、水系分布及成矿带的划分。矿床周围线性构造体比较密集,多为树枝状展布,小型断层分布较广,多组构造的交会处成为有利矿集区。

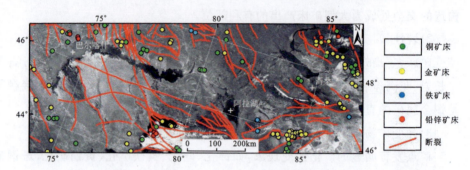

图 5.2 西准噶尔—环巴尔喀什湖构造空间分布图

2) 岩性信息提取

基于 ASTER 数据,采用"3.2.1 岩性信息遥感提取技术"(王钦军等,2009)提取研究区的侵入岩(体)如图 5.3 所示。结果表明:研究区的中酸性侵入岩非常发育,面积约 3.2 万 km^2,约占研究区总面积的 7%。早石炭世的花岗岩大面积分布于北巴尔喀什复背斜的边缘,中石炭世—晚石炭世是岩浆活动的鼎盛期,广泛分布的花岗闪长岩-花岗岩建造以及中浅成侵入的中酸性斑岩,构成最具潜力的成矿建造;矿点大多分布在侵入岩体的周边,研究区成矿主要与花岗岩、花岗闪长岩建造有关。闪长岩与铜矿化作用的关系最为密切,其次为花岗闪长岩。

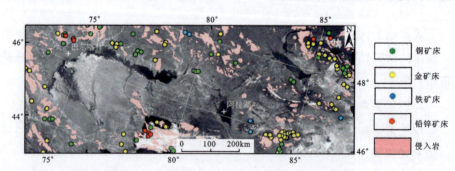

图 5.3 西准噶尔—环巴尔喀什湖侵入岩分布图

3) 蚀变矿物信息提取

基于 ASTER 数据,利用"3.2.3 蚀变矿物信息遥感提取技术"提取研究区的铁染、羟基、碳酸岩化、泥化和硅化等蚀变类空间分布,结果如图5.4所示。研究区的蚀变矿物普遍发育,尤其是在中国新疆的包古图、谢米斯台和哈萨克斯坦巴尔喀什湖北侧的科翁腊德、萨亚克、阿克斗卡等地的蚀变较为强烈。其中,科翁腊德矿床的蚀变为泥化和铁染组合,以泥化为主,铁染为辅;萨亚克矿床的蚀变表现为铁染和碳酸盐化组合,以铁染为主;阿克斗卡的蚀变以泥化为主。基于上述规律,在中哈交界处的乌尔贾尔、乌恰拉尔及谢米斯台地区显示了较强的矿化蚀变,指示了良好的找矿前景。

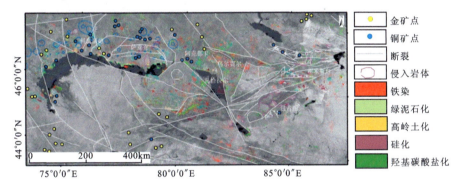

图5.4 西准噶尔—环巴尔喀什蚀变矿物空间分布图

2. 远景区预测

基于控矿要素遥感信息的提取结果,利用"4.1金属矿产资源多尺度遥感找矿模型"对成矿潜力进行综合分析,圈定3处重点遥感找矿远景区如图5.5所示。将它们分别命名为Ⅰ、Ⅱ和Ⅲ。其中,第Ⅰ和第Ⅱ远景区分别位于新疆和布克赛尔蒙古自治县的谢米斯台和阿吾斯奇地区,其东侧呈北东走向的达拉布特大断裂为研究区成矿的主控矿构造。在达拉布特大断裂的西侧发育大量的铜、金矿床。根据研究区成矿地质背景,与之相交的近东西向次级断裂覆盖区为有利矿集区。再加上研究区多处侵入岩体所围成的空白区以及蚀变矿物集中分布等,集中指示了这两处地区为遥感找矿远景区。第Ⅲ远景区位于中亚的乌尔贾尔地区。根据研究区遥感找矿模型,北西向大型构造是控制成矿的主构造,北西向与近东西向构造的交会处成为有利成矿区。根据上述规律,结合矿点与侵入岩间的关系(矿点分布在侵入岩体的周边)、矿点与蚀变矿物间的关系(矿点分布在蚀变矿物集中分布区),圈定了该远景区。

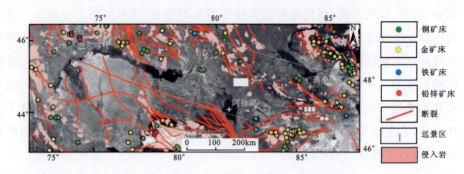

图 5.5 西准噶尔—环巴尔喀什远景区预测图

3. 野外验证

受地域及矿产资源敏感性的制约,仅对有条件的第Ⅰ和第Ⅱ远景区开展野外验证,并分别于 2012 年 9 月、2013 年 7 月、2014 年 7 月和 2014 年 9 月开展 4 次野外考察,野外行驶里程约 4000km,检验示矿信息提取和远景区圈定的准确度。

野外考察结果表明:研究区的矿化以孔雀石化为主,伴生有褐铁矿化、硅化、钾化和泥化等蚀变;矿化主要发育在安山玢岩中,长度在 200~700m 不等,产状近直立,走向受北东向构造的控制,北西向与北东构造交会处的矿化点尤为发育。根据野外矿化类型及其发育情况,确定了重点远景区主要包括阿吾斯奇矿化集中区、谢米斯台中矿化带、谢米斯台东矿化带、谢米斯台公路西矿化带和谢米斯台公路东矿化带(王钦军等,2017)。

5.1.5 主要结论

通过研究,在遥感找矿模型、矿产资源信息遥感提取技术、地面验证等方面都取得了一定成果。

(1)提出了"小型侵入岩体异常+线性构造异常+蚀变矿物异常"的斑岩铜矿遥感找矿模型。

通过分析研究区的成矿地质背景,明确了遥感找矿的主要控矿要素为构造、岩性和蚀变矿物。通过总结已知矿点与它们的空间展布格局,分析了有利矿集区的构造、岩性和蚀变矿物的成矿条件。在此基础上,建立了"小型侵入岩体异常+线性构造异常+蚀变矿物异常"的遥感找矿模型,为遥感找矿提供了模型指导。

(2)建立了斑岩铜矿遥感找矿技术流程。

在遥感找矿模型的指导下,通过剖析已知典型矿床,建立研究区典型矿床成矿理论。在此基础上,建立从宏观到微观的遥感找矿的"地貌异常"和"图像异常"标志。基于上述标志,提取了构造、岩性和蚀变等控矿要素的空间展布规律;结合遥感、地质、地球物理和地球化学图件,预测了找矿远景区;在圈定远景区的基础上,通过野外考察,开展大比例尺遥感、地质、地球物理和地球化学填图工作,结合岩样的实验室分析结果圈定靶区,并根据异常的大小及其工业可开采品位对靶区进行分类。

(3)通过野外考察,圈定了遥感找矿靶区。

在遥感找矿模型的指导下,综合运用遥、地、物、化等多元信息进行远景区预测;根据野外调查的矿化发育情况圈定了 5 个重点远景区,包括阿吾斯奇矿化集中区、谢米斯台中矿化带、谢米斯台东矿化带、谢米斯台公路西矿化带和谢米斯台公路东矿化带。结合大比例尺遥感蚀变矿物填图、地质、地球物理、地球化学和探槽揭露取样,圈定了具有工业可开采价值的谢米斯台中、谢米斯台东和谢米斯台公路东矿化带 3 个找矿靶区(王钦军等,2017)。

5.2 新疆北阿尔金热液蚀变型铜(金)矿遥感

5.2.1 研究区

研究区位于青藏高原北端,新疆若羌县的阿尔金山北缘断裂与阿尔金山断裂之间,地理坐标范围 $90°05′\sim92°51′E$,$38°20′\sim39°13′N$,即南起采石沟,北至祥云,西起红柳沟,东至玉勒山。东西长约 310km,南北长约 130km,面积约 40 000km^2。研究区内已发现红柳沟铬矿、红柳沟铜金矿、盘龙沟(祥云)金矿、大平沟金矿、塔什铁矿、喀拉大湾铜多金属矿、索尔库里北山铜多金属矿、喀腊达坂铅锌矿、索拉克铜多金属矿等,具有寻找铜、金、铁、铅锌等矿产的巨大潜力和找矿空间(图 5.6)。

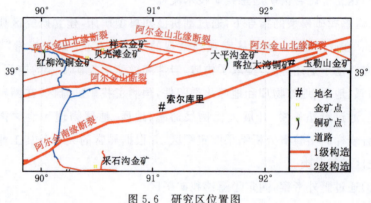

图 5.6 研究区位置图

已有研究结果表明,研究区地层属于塔南地层分区中的阿尔金地层小区。出露地层以中新元古界蓟县系为主,奥陶系及第三系(古近系+新近系)出露面积小,零星分布,第四系广泛分布于山前戈壁、平原沙漠、河谷及山间现代凹陷中。

研究区在构造上发育了阿尔金山断裂及其次级的阿尔金山北缘断裂。阿尔金山断裂是左旋走滑断裂,呈北东东向,以巨大的规模和强烈的活动性为特征(周永贵,2013);阿尔金山北缘断裂属于近东西向的舒缓波状剥离断层,是变质基底与沉积盖层之间的一个滑脱面。长度大于 400km,断层面主要为南倾,倾角在 30°~70°之间。它的右旋剪切和正断性质,形成了相对张性的构造环境,提供了有利容矿空间(陈宣华等,2002)。

研究区的区域成矿作用可分为 3 个阶段:第一阶段为早古生代早中期的海底扩张阶段,形成了以喀腊大湾为代表的海相火山沉积型铜多金属矿床;第二阶段是早古生代晚期的构造聚合碰撞阶段,形成了以大平沟和红柳沟为代表的动力变质热液型(铜)金矿床;第三阶段是早古生代末的岩浆活动和断裂构造活动阶段,形成了以索尔库里北山和拉配泉为代表的岩浆热液型铜多金属矿。从矿床成因类型及其与区域构造间的关系上分析,该区具有较好的铜金多金属矿床找矿远景(李月臣等,2007)。

研究区的成矿特征主要表现为:原生矿石的金属矿物以黄铁矿为主,少量磁铁矿、孔雀石、黄铜矿、自然金、方铅矿、闪锌矿、斑铜矿和钛铁矿等;脉石矿物以石英、钾长石、绢云母、绿泥石、高岭石和方解石为主;矿化带围岩蚀变主要有黄铁矿化、硅化、钾长石化、绢云母化、绿泥石化和碳酸盐化等,其中黄铁矿化、硅化及钾长石化与金矿化最为密切(雷如雄等,2019),具体情况如表 5.1 所示。

表 5.1　研究区典型金矿成矿特征对比表

	盘龙沟金矿(祥云金矿)	大平沟金矿
类型	中低温热液蚀变岩型金矿	中温热液石英脉型矿床、蚀变岩型矿床
矿石矿物	黄铁矿、褐铁矿、黄铜矿、孔雀石	黄铁矿、黄铜矿、自然金、自然铜
脉石矿物	石英、白云石、绢云母、绿泥石、方解石	石英、绿泥石、钾长石、绢云母和方解石
储量/品位	407.43kg,2.59g/t(许孝万,2011)	石英脉:15.91g/t。钾长石-石英脉:13.47g/t(雷如雄等,2019)
构造	北西向压扭性断裂是主要控矿断裂(王钦军等,2017)	近东西向的阿北剥离断层形成了一个相对张性的构造环境,是成矿有利部位(陈宣华等,2002)
岩性	石英脉、石英闪长玢岩脉	石英脉、钾长石-石英脉、褐红色钾长变粒岩、闪长质碎粒岩、闪长质糜棱岩
侵入岩	闪长玢岩	钾长花岗岩(杨屹,2003)
蚀变	硅化+褐铁矿+钾长石+绢云母+绿泥石+白云石/方解石+高岭石	硅化+褐/黄铁矿+钾长石+绢云母+绿泥石+白云石/方解石

5.2.2　数据及其预处理

根据研究区的范围,获取了重点区 ASTER 影像如表 5.2 所示,收集重点区金元素化探异常图(周永贵,2013)和地质图(比例尺 1∶20 万)。

表 5.2　研究区数据列表

数据类型	名称	空间分辨率/比例尺
地球化学	金元素化探异常图	1∶100 000
地质	地质图	1∶200 000
遥感	ASTER	15m

ASTER 是(EOS)TERRA AM-1 平台预定的重要有效载荷之一,于 1999 年 12 月 18 日发射升空,属于高级多光谱遥感成像仪。它有 14 个波段,其中波长范围在 0.52～0.86mm 的 3 个可见光近红外波段(VNIR)和波长范围在 1.6～2.43mm 的 6 个短波红外波段(SWIR)同时观测太阳反射辐射亮度,它们的空间分辨率分别是 15m 和 30m；另外,波长范围在 8.125～11.65mm 内的 5 个热红外波段(TIR)观测地表的发射辐射值,它们的空间分辨率是 90m。

5.2.3　北阿尔金热液蚀变型铜(金)矿遥感找矿模型

1. 北阿尔金热液蚀变型铜(金)矿矿床特征

研究结果表明,研究区的矿床类型为中低温热液石英脉型金矿床。成矿作用均与早古生代火山岩有关,受韧脆性构造变形带的控制(王斌,2017)。金矿体与花岗岩的关系密切,构造对金矿化的控制作用显著,围岩蚀变主要包括绢云母化、绿泥石化、硅化、碳酸盐化、黄铁矿化、高岭石化等特征。

1) 构造特征

已有研究结果表明：北东向的阿尔金山断裂带为成矿提供了物源通道；近东西向的阿尔金山北缘断裂及其与北西向、北东向构造的交会处为成矿提供了良好的容矿空间,形成了红柳沟、祥云、贝壳滩、大平沟等多个金矿。这主要是因为：区域性阿尔金断裂在印支期的强烈走滑剪切运动,产生的构造动力分异作用使得金元素得到大范围活化,形成于深部的变质流体沿着断裂带上升并将金等成矿元素从含矿围岩中淋滤出来,形成含金热液体系。当含矿热液沿着次级断裂,如阿尔金山北缘断裂等构造薄弱带运移至地壳浅部的次级断裂破碎带时,导致含金热液沉淀在次级断裂带中,形成含金石英脉矿体,并最终形成了金矿(雷如雄等,2019)。

2)岩体/岩性特征

已有资料表明,钾长花岗岩和闪长岩与研究区的成矿关系密切(雷如雄等,2019;王斌,2017;王钦军等,2017;杨屹,2003)。研究区的钾长花岗岩为准铝质花岗岩,属于高钾钙碱系列,为金矿的形成提供了必要的成矿流体和热源(王斌,2017)。这主要是因为:研究区在加里东期发生了一次洋壳闭合和板块碰撞作用,引发区内强烈构造运动和岩浆活动,钾长花岗岩可提供丰富的成矿物质来源,而碰撞过程中的高温、高压条件使原岩中的金元素被活化迁移,并富集成矿(雷如雄等,2019)。野外考察结果验证了这一观点,如图 5.7 和图 5.8 所示。

图 5.7 钾长花岗岩及其与地层之间的关系照片(斜线表示断层)

图 5.8 闪长岩中的黄铁矿、褐铁矿照片

野外考察点位于研究区西北角的红柳沟附近,图 5.7 表明,钾长花岗岩呈楔状侵入围岩凝灰质粉砂岩中,并出现黄铁矿,预示着在研究区找到金矿的可能性非常大。就在其不远处的石英脉中发现了孔雀石,围岩以灰岩为主。经测,标本的铜含量为 6.3%,砷含量为 28×10^{-6}。结合黄铁矿、砷和金的密切伴生关系,该区可以圈定为"红柳沟铜金矿远景区"。此外,还在闪长岩中发现了黄铁矿(图 5.8)。因此,该区发育两种侵入岩类型,即闪长岩和钾长花岗岩。两者都含有黄铁矿,为金矿的形成提供了必要的岩体条件。

3) 蚀变矿物特征

研究结果表明,研究区金的赋存状态主要为裂隙金。硅化、褐铁矿化、钾长石化与金的关系最为密切(杨屹,2003)。与此同时,盘龙沟金矿(祥云金矿)和大平沟金矿的蚀变矿物类型的对比结果表明,硅化、褐铁矿、钾长石、绢云母、绿泥石和白云石/方解石是两者共有的蚀变矿物,可作为研究区的主要示矿信息进行提取。野外验证结果也表明,在红柳沟附近发现了较为明显的石英、孔雀石、黄铁矿、褐铁矿和钾长石(图 5.8),为圈定红柳沟铜金矿远景区提供了示矿信息依据。

2. 北阿尔金热液蚀变型铜(金)矿遥感找矿模型

根据对研究区典型已知矿床的对比结果,建立了研究区"岩体/岩性＋构造＋蚀变矿物"的遥感找矿模型。

1) 构造

就北阿尔金成矿带铜(金)多金属矿而言,虽然,北东向的阿尔金深大断裂为成矿提供了背景构造条件,但该主构造的运动极为强烈,导致地表盖层的破碎度过大、密闭性减少,在其附近极少成矿。相反,在主构造附近的近东西向、北东向、北西向等多组次级线性构造,以及它们与环形构造的交会处等地区却控制了北阿尔金成矿带铜(金)多金属矿的产出位置。因此,多组次级构造交会处成为主要的控矿要素。

2) 岩性

云英闪长岩、闪长岩、二长花岗岩等中酸性岩浆侵入体,石英、方解石等脉体将富含矿物质的热液流体从地壳深部通过侵位带至浅部,为在地表浅部形成铜(金)多金属矿提供了物源和媒介作用;破碎蚀变岩、变粒岩、凝灰质砂岩等孔渗性较高的岩性,为富矿物质的聚集提供了存储空间,成为储矿层;凝灰岩、凝灰质粉砂岩等孔渗性较小的岩石可以阻挡含矿热液流体在地表的溢出,成为盖层。因此,不同性质的岩性在不同的成矿阶段起不同的关键作用。总之,在越同时具备"生、储、盖"岩性的地区,就越容易成矿。

3)蚀变矿物

硅化、褐铁矿化、孔雀石化、黄铁矿化、绿泥石化、绢云母化为主要的蚀变矿物类型,表明该区属于中低温成矿环境。受侵入和构造运动的影响,岩浆和石英的侵入,以及有益成矿物质的交代作用导致上述蚀变矿物的产生。同时,该现象也表明,岩浆和石英的侵入以及由此引发的构造活动,对形成铜金矿起关键作用。在北阿尔金成矿带,矿区的硅化现象普遍发育,也说明在相同成矿条件下,硅化蚀变越强地区的成矿率就越大。因此,蚀变矿物是成矿过程的重要体现,在遥感找矿中起关键性示矿作用。也就是说,硅化、褐铁矿化、孔雀石化、黄铁矿化、绿泥石化、绢云母化等蚀变矿物越发育的地区,就越容易发现铜(金)多金属矿体。

5.2.4 远景区预测

根据"5.2.3 北阿尔金热液蚀变型铜(金)矿遥感找矿模型",在成矿地质条件分析和控矿信息遥感提取的基础上对远景区进行预测,并对其进行野外验证。

1. 控矿要素遥感信息提取

1)构造信息提取

利用"构造信息提取方法"对研究区的构造信息增强后的结果如图 5.9、图 5.10 所示。与原始图像构造信息的对比中可以看出,Gabor 变换后的构造纹理信息更加突出,对提取隐伏构造和微小构造的效果较好,可以更有效地提取研究区的构造信息。

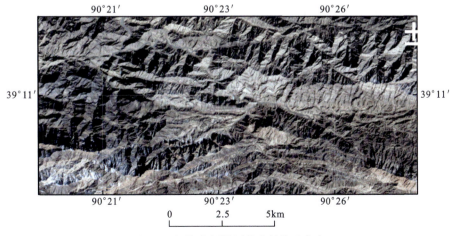

图 5.9 红柳沟原始图像中的构造信息

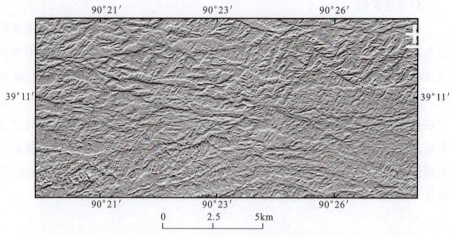

图 5.10 红柳沟构造突出结果图

利用上述技术提取研究区的构造结果,如图 5.11 所示。

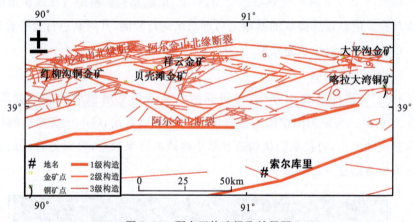

图 5.11 研究区构造提取结果图

研究区主要位于 1 级断裂阿尔金山断裂和 2 级断裂阿尔金山北缘断裂之间,主体构造呈近东西向展布。2 级断裂与 3 级断裂以近东西向、北西向和北东向为主,还有众多环形构造交错其中。它们在平面图上呈"聚宝盆"形状,在构造的交叉点处形成多处金矿点,如红柳沟铜金矿、祥云金矿和大坪沟金矿等。在祥云金矿和贝壳滩金矿附近,都出现环形构造,因此,次级构造,尤其是近东西向的次级构造与北西、北东向构造的交会处及其与环形构造交会处成为金矿产出的重要部位。

2) 岩体信息提取

在剔除非成矿地物类型后,利用侵入岩体信息增强方法对图像进行处理。处理前后的对比图如图5.12所示。通过对比可以看出,处理后图像的颜色更加丰富,色调更清晰,能反映更多的岩石类型。在纹理上,与围岩的对比度更加强烈,为发现更多小岩体提供更有力的方法。根据已有岩体建立研究区小岩体的提取标志如下:在颜色上,小岩体呈绿色夹有紫红色;在构造上,呈环形构造;在纹理上,呈放射状。根据上述标志,提取研究区的小岩体如图5.13所示。其中,肉色的为已知小岩体,紫色为新增的小岩体。统计结果表明,共增加了9处小岩体,为圈定远景区新增加了小岩体信息。

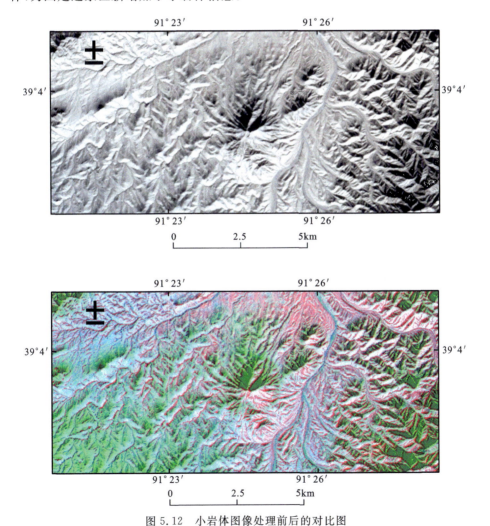

图 5.12 小岩体图像处理前后的对比图

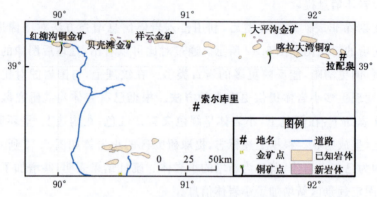

图 5.13 提取的小岩体空间分布图

3)蚀变矿物信息提取

受空间分辨率和光谱分辨率的影响,硅化、褐铁矿、钾长石等蚀变矿物由于含量低,在地表容易被风化的土壤、大面积的地层岩石、稀疏植被及阴影所覆盖,在已知矿化点的情况下,利用蚀变矿物信息遥感提取技术提取研究区的蚀变矿物示矿信息异常图如图 5.14 所示。

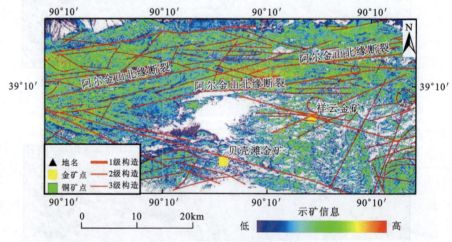

图 5.14 蚀变矿物信息强度图

从图中可以看出,示矿信息强度在近东西向的阿尔金山北缘断裂带,尤其是近东西向与北西向的构造交会处较高,为圈定远景区提供了科学依据。

2. 远景区预测

运用"5.2.3 北阿尔金热液蚀变型铜(金)矿遥感找矿模型",对远景区进行预测的结果如图 5.15 所示。

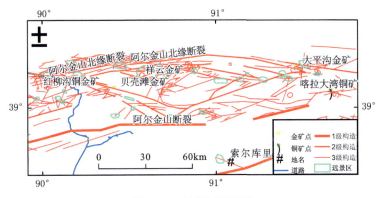

图 5.15 远景区预测图

本次研究共圈定 28 处远景区。从图中可以看出，大多数远景区位于近东西向的阿尔金山北缘断裂附近，沿断裂走向呈串珠状分布。它们和已知矿点，如祥云金矿、大坪沟金矿等高度契合。另一小部分远景区零星分布在研究区西侧的 2 级构造两侧，与已有矿点，如红柳沟铜金矿、贝壳滩金矿等相呼应。

3. 野外验证

受交通条件的限制，该区的野外验证工作非常困难。除了西部地区有道路可达之外，大部分地区都属于无人区。远景区距离道路较远，人员不易到达。另外，因为没有人烟，野外验证人员的住宿和给养等问题较为突出，再加上此处的海拔较高（3500~6000m），容易导致野外考察人员呼吸困难、身体疲劳。

在此艰苦情况下，在 2019 年 8 月 13—27 日，深入为数不多的远景区进行野外考察，野外行驶（包括步行）路程 1000 多千米。最终，在红柳沟铜金远景区取得重大突破，发现了孔雀石和黄铁矿等矿化现象，如图 5.16 所示。

图 5.16 MY19 和 MY22 的野外手标本照片

表 5.3 红柳沟铜金矿附近的地球化学异常表

野外验证点	照片编号	Cu(10^{-6})	As(10^{-6})
MY19	961	20 939	34
MY22	976	63 363	28

野外验证结果表明,在红柳沟附近发现了较为明显的 Cu、As 元素异常,为圈定红柳沟铜金矿远景区提供了元素异常依据。该结果也证明本书的遥感找矿模型是正确的。

5.2.5 主要结论

(1) 总结了北阿尔金成矿带铜(金)多金属矿成矿模型。

北阿尔金成矿带主要的铜(金)多金属成矿类型为构造蚀变岩/石英脉型铜金矿(吴义布等,2019;赵东宏等,2002)。其主要特点是:①构造尤其是在主构造附近的次级构造控制了铜(金)多金属矿的产出部位,它们不仅为成矿热液提供了循环通道和成矿空间,而且使矿源中的铜处于高位能状态,有利于被浸出,并进入成矿热液中。研究结果表明,含铜蚀变矿物呈片状、浸染状赋存于构造破碎带的蚀变岩、石英脉中,在区域上明显受构造破碎带和蚀变带的控制。②云英闪长岩、闪长岩、二长花岗岩等中酸性岩体,为形成矿床提供了主导性热源,控制了矿点的产出位置。阿尔金的大部分矿点位于小型侵入岩体与围岩的接触带附近,在空间上受侵入岩体的控制明显。华力西晚期的岩浆底侵作用和侵位过程,为矿床提供大规模成矿物质、流体及热能,其派生的岩浆期后热水不断从富含矿化元素的斑岩体内萃取成矿组分,导致成矿元素的含量逐渐增加。当其沿构造裂隙上升时,由于压力降低,引起围岩的硅化及绢云母化,随后在与斑岩体有关的应力降低地段或构造薄弱部位卸载大量的有益成矿元素并富集成矿(杨树清,2009)。③铜(金)多金属矿的围岩蚀变以硅化、褐铁矿化、孔雀石化、黄铁矿化、绿泥石化、绢云母化最为常见,反映了矿床与岩浆侵入和热液蚀变之间关系密切,同时也为遥感找矿提供了蚀变矿物标志。

(2)建立了北阿尔金成矿带铜(金)多金属矿遥感找矿模型。

根据"5.2.3 北阿尔金成矿带铜(金)多金属矿成矿模型",建立北阿尔金成矿带铜(金)多金属矿床遥感找矿模型为"构造＋岩性＋蚀变"。首先,建立它们的遥感找矿标志,主要包括线性和环形构造的纹理遥感识别标志,中酸性侵入岩、石英等岩性的光谱、色调和纹理标志,硅化、褐铁矿化、孔雀石化、黄铁矿化、绿泥石化、绢云母化等蚀变矿物的光谱、色调和纹理标志等;其次,建立控矿要素的提取方法,如提取构造的 Gabor 变换法、提取岩性的主成分变换法,以及提取蚀变矿物的比值法等;最后,综合利用上述标志和方法提取控矿要素的有利分布区,并利用它们的提取结果预测远景区。

(3)利用"5.2.3 北阿尔金成矿带铜(金)多金属矿遥感找矿模型"预测了多处远景区,圈定靶区 1 处。

利用"5.2.3 北阿尔金成矿带铜(金)多金属矿遥感找矿模型"预测了 28 处远景区。由于阿尔金地区的交通条件不便,大部分远景区无法开展实地野外验证。根据我国当前对金属矿产资源需求的迫切程度,结合金属元素地面实测含量结果,以及地面交通的便利程度,将"红柳沟铜金远景区"圈定为靶区。研究结果表明,该靶区具有开采铜矿的前景。

总之,遥感找矿模型显著提高了隐伏示矿信息的提取能力,不仅为提高远景区的预测精度提供了科技支撑,而且还因其具有的宏观、多时相、非接触式探测的优势,在高海拔、深切割、高寒无人山区圈定找矿远景区方面得到广泛应用,缩小了工作区范围,提高了工作效率。

主要参考文献

白洪海,石玉君,2008.西南天山砂岩型铜矿地质特征及成因分析[J].新疆有色金属(4):14-18.

白亮,老松杨,陈剑赟,等,2005.基于支持向量机的音频分类与分割[J].计算机科学,32(4):87-91.

白杨林,吕凤军,苏鸿博,等,2023.高光谱遥感蚀变矿物信息提取研究综述[J].遥感信息,38(1):1-10.

毕献武,胡瑞忠,Cornell D H,2001.富碱侵入岩与金成矿关系:云南省姚安金矿床成矿流体形成演化的微量元素和同位素证据[J].地球化学(3):264-272.

蔡柯柯,2011.达布矿区及其外围多源遥感信息找矿预测研究[D].成都:成都理工大学.

曹卫彬,杨邦杰,宋金鹏,2004.TM影像中基于光谱特征的棉花识别模型[J].农业工程学报,20(4):112-116.

柴艳妹,任金昌,赵荣椿,2004.一种基于方向性信息测度和IHS变换的图像融合新方法[J].西北工业大学学报,22(4):422-425.

陈涵,柳健,吴谨,2005.基于多源遥感影像信息的数据融合技术[J].制导与引信,26(2):52-56.

陈玲,张微,周艳,等,2012.高分辨率遥感影像在新疆塔什库尔干地区沉积变质型铁矿勘查中的应用[J].地质与勘探(5):1039-1048.

陈述彭,童庆禧,郭华东,1998.遥感信息机理研究[M].北京:科学出版社.

陈析璆,李静,党福星,等,2010.中巴资源卫星的矿化蚀变信息提取研究:以东天山沁城地区为例[J].测绘科学(1):64-66.

陈宣华,陈正乐,杨农,2009.区域成矿与矿田构造研究:构建成矿构造体系[J].地质力学学报,15(1):1-19.

陈宣华,杨凤,王小凤,等,2002.阿尔金北缘地区剥离断层控矿和金矿成因:以大平沟金矿床为例[J].吉林大学学报(地球科学版),32(2):122-127.

主要参考文献

陈宣华,杨农,叶宝莹,等,2011.中亚成矿域多核成矿系统西准噶尔成矿带构造体系特征及其对成矿作用的控制[J].大地构造与成矿学,35(3):325-338.

程乘旗,马廷,王立明,2002.用于植被冠层分析的高光谱波段的组合方法研究[J].地理学与国土研究,18(2):23-25.

崔来运,2005.河南赵岭构造蚀变岩型金矿床微量元素地球化学特征[J].地质与勘探,41(2):30-34.

崔舜铫,2019.基于光学与雷达遥感的协同找矿信息提取研究[D].北京:中国地质大学(北京).

代晶晶,2012.埃塞俄比亚西部岩浆熔离型铁矿遥感找矿模型[J].遥感技术与应用,27(3):380-386.

单明霞,2009.基于GIS的支持向量机分类模型建立及其在资源评价中的应用[D].成都:成都理工大学.

单卫国,钟维敷,宋懿红,等,2004.黑色岩系成矿作用及相关金属矿床找矿[J].云南地质,23(2):125-139.

地质部地质辞典办公室,1982.地质辞典(五):地质普查勘探技术方法分册(上册)[M].北京:地质出版社.

董新丰,甘甫平,李娜,等,2020.高分五号高光谱影像矿物精细识别[J].遥感学报,24(4):454-464.

方龙福,张永凌,2005.一种基于主成分分析的城市综合实力评价方法[J].绍兴文理学院学报,25(7):45-48.

冯京,徐仕琪,赵青,等,2010.新疆斑岩型铜矿成矿规律及找矿方向[J].新疆地质,28(1):43-51.

冯启明,周玉林,周开灿,等,1996.非金属矿产与环境保护[J].矿产综合利用(4):31-35.

冯宁,2005.基于小波变换的遥感图像压缩方法研究[J].信息技术(2):45-47.

奉国和,黄榕波,罗泽举,等,2005.基于支持向量机的分解合作的加权算法及其应用[J].计算机科学,32(4):91-93.

付锦,李剑锋,朱佳保,2003.利用多源信息进行三维地质成像的信息提取技术[J].南华大学学报,17(1):34-38.

甘甫平,王润生,马蔼乃,等,2002.光谱遥感岩矿识别基础与技术研究进展

[J].遥感技术与应用,17(3):140-147.

高淑惠,1995.多源地学信息综合处理技术研究[J].环境遥感,10(1):24-29.

耿新霞,2008.新疆阿勒泰蒙库—阿巴宫铁矿成矿带岩石光谱特征、遥感信息提取及找矿靶区优选[D].北京:中国地质科学院.

顾静良,张卫,万敏,2005.基于自适应模板匹配的红外弱小目标检测[J].电子技术应用(5):5-7.

郭华东,1993.新疆北部金矿资源遥感研究进展[J].黄金科技动态(4):1-4.

郭华东,2000.雷达对地观测理论与应用[M].北京:科学出版社.

郭娟,闫卫东,崔荣国,等,2019.我国矿产资源形势回顾与展望[J].国土资源情报(12):46-51.

郭娜,陈建平,唐菊兴,等,2010.基于RS技术的西藏甲玛铜多金属矿外围成矿预测研究[J].地学前缘(4):280-289.

韩最蛟,万世基,孟新,1996.雷达图像特征信息提取及多源数据复合处理的地质应用研究[J].遥感技术与应用(4):9-15.

何延波,杨琨,侯英雨,1997.浅谈遥感地球化学[J].地质地球化学(4):98-103.

侯增谦,陈骏,翟明国,2020.战略性关键矿产研究现状与科学前沿[J].科学通报,65(33):3651-3652.

胡光道,陈建国,1998.金属矿产资源评价分析系统设计[J].地质科技情报,17(1):45-49.

黄海峰,2002.GIS在成矿预测中的应用[J].甘肃地质学报,11(1):89-96.

黄海峰,姚书振,丁振举,2003.基于GIS的证据权重法在成矿预测中的应用:以甘肃省岷县—礼县地区的金矿预测为例[J].地质科技情报,22(3):77-82.

黄启厅,周炼清,史舟,等,2009.FPXRF—偏最小二乘法定量分析土壤中的铅含量[J].光谱学与光谱分析,29(5):1434-1438.

黄胜,王斌,丁桑岚,等,2003.主成分分析法在二滩水质监测数据综合分析中的应用实例[J].重庆环境科学,25(2):53-55.

黄微,张良培,李平湘,2005.一种改进的卫星影像地形校正算法[J].中国图象图形学报,10(9):1124-1128.

黄贤芳,黄树桃,董文明,等,2000.星载合成孔径雷达在铀成矿环境、条件及预测中的应用[J].中国核科技报告,563-575.

黄彰,2014.基于改进证据权重法的成矿远景区预测模型及应用[D].北京:中国科学院大学.

黄彰,蔺启忠,王钦军,等,2014.基于 GIS 的改进证据权重法在新疆托里地区铜金矿预测中的应用[J].遥感信息,29(6):110-116.

江涛,朱运海,董凤宝,2004.小波变换在遥感影像道路特征提取中的应用[J].测绘工程,13(2):34-36.

江永宏,2010.黑色岩系中海底热液 SEDEX 矿床的研究概况[J].地质找矿论丛,25(3):177-187.

蒋红梅,2019.网络平台筛选广告的 K 均值—梯度提升算法[D].重庆:重庆大学.

蒋晓悦,赵荣椿,江泽涛,2004.基于小波包框架及主成分分析的纹理图像分割[J].计算机工程与应用(4):32-36.

矫东风,吕新彪,2003.基 GIS 空间分析的成矿预测[J].地质找矿论丛,18(4):269-273.

莱昂,1996a.风化及其他荒漠漆表层对高光谱分辨率遥感的影响(一)[J].环境遥感,11(2):138-150.

莱昂,1996b.风化及其他荒漠漆表层对高光谱分辨率遥感的影响(二)[J].环境遥感,11(3):164-189.

雷如雄,赵同阳,李平,等,2019.北阿尔金地区大平沟金矿 H-O-S-Pb 同位素地球化学特征对金矿成因的启示[J].吉林大学学报(地球科学版),49(6):1578-1590.

李光军,谭康华,张世权,等,2005.普朗铜矿找矿标志及找矿模型[J].云南地质,2:175-185.

李光明,秦克章,李金祥,2008.哈萨克斯坦环巴尔喀什斑岩铜矿地质与成矿背景研究[J].岩石学报,24(12):2679-2700.

李慧,蔺唐史,刘庆杰,等,2009.基于反射光谱预测哈图—包古图金矿区地球化学元素异常的可行性研究[J].遥感信息(8):43-49.

李巨宝,田庆久,吴昀昭,2005.滏阳河两岸农田土壤 Fe、Zn、Se 元素光谱响应研究[J].遥感信息(3):10-13.

李茂宽,关键,2005.基于模糊 C 均值的支持向量机数据分类识别[J].系统仿真学报,17(7):1785-1787.

李美玉,2017.恰库尔图地区极化SAR铀成矿信息研究[D].北京:中国地质大学(北京).

李荣,董国臣,王硕,等,2011.基于GIS的证据权重法对三江地区的铜矿成矿预测[J].沉积与特提斯地质,31(3):100-106.

李霆,陈学俭,邹晓涛,2003.基于遗传聚类算法和小波变换特征的自动分类[J].计算机工程,29(2):153-155.

李卫东,余志伟,单新建,等,2009.基于GIS和证据权模型的矿产勘探信息系统[J].辽宁工程技术大学学报:自然科学版,28(3):382-385.

李一蜚,秦凯,李丁,等,2020.基于梯度提升回归树算法的地面臭氧浓度估算[J].中国环境科学,40(3):997-1007.

李月臣,陈柏林,陈正乐,等,2007.阿尔金北缘红柳沟—拉配泉一带铜金矿床硫同位素特征及其意义[J].地质力学学报,13(2):131-140.

梁锦,2011.基于GIS的成矿预测研究进展[J].中山大学研究生学刊:自然科学与医学版,32(2):17-25.

林凯捷,2011.望湘—幕阜山地区遥感影像蚀变信息提取研究与成矿预测分析[D].长沙:长沙理工大学.

林美荣,张包铮,1990.原子光谱学导论[M].北京:科学出版社.

林子瑜,徐金山,2001.江西省生态环境区划与评述[J].国土资源遥感(2):1-8.

蔺启忠,郭华东,魏永明,等,2010.遥感快速找矿系统在西准斑岩铜矿勘查中的应用[J].矿床地质,29(S1):685-686.

刘成,2003.化探散点数据图像化的一种方法[J].沈阳航空工业学院学报,20(1):38-40.

刘德长,邱骏挺,闫柏琨,等,2018.高光谱热红外遥感技术在地质找矿中的应用[J].地质论评,64(5):1190-1200.

刘夯,2016.基于SAR数据的斑岩型铜矿遥感找矿信息研究[D].成都:成都理工大学.

刘苗,2010.基于反射光谱的铜元素地球化学异常特征研究[D].北京:中国科学院.

刘苗,蔺启忠,王钦军,等,2010a.基于反射光谱的铜元素地球化学异常研究[J].光谱学与光谱分析,30(5):1320-1323.

刘庆杰,2009.基于人工免疫原理的遥感信息分析方法及其在遥感找矿中的应用研究[D].北京:中国科学院.

刘庆杰,蔺启忠,2008.基于免疫网络的遥感影像分类算法[J].计算机工程与应用(23):24-27.

刘庆生,1999.岩石实验室光谱对应分析[J].遥感学报,3(2):152-157.

刘素红,1999.多波段遥感数据向量空间分析方法及其在岩性信息分离中的应用[D].北京:中国科学院.

刘素红,马建文,蔺启忠,2000.通过Gram-Schmidt投影方法提取TM数据中含矿蚀变带信息[J].地质与勘探,36(5):62-65.

刘婷婷,何政伟,崔晓亮,等,2011.基于GIS信息量法的西藏洞中拉地区铅锌矿综合信息模型构建与找矿预测[J].桂林理工大学学报,31(4):511-515.

刘伟东,2002.高光谱遥感土壤信息提取与挖掘研究[D].北京:中国科学院.

刘晓玲,陈建平,2010.基于GIS的证据权重法在内蒙古阿鲁科尔沁旗地区成矿预测中的应用[J].地质通报,29(4):571-580.

刘旭升,张晓丽,2005.基于BP神经网络的森林植被遥感分类研究[J].林业资源管理,1:51-54.

刘英俊,2019.砂岩型铜矿中铜溶解的影响因素:孔雀石溶解实验[D].北京:中国地质大学(北京).

龙亚谦,2014.结合光谱异常和SAR纹理特征的矿化信息提取[D].北京:中国地质大学(北京).

娄德波,肖克炎,丁建华,等,2010.矿产资源评价系统(MRAS)在全国矿产资源潜力评价中的应用[J].地质通报,29(11):1677-1684.

吕古贤,郭涛,刘杜鹃,2005.玲珑—焦家式金矿构造地质特征及成矿构造物理化学参量因子分析:以阜山金矿区为例[J].地球学报,23(5):409-416.

罗小平,刘国云,任李付,等,2018.火山块状硫化物矿床地质特征及找矿标志浅析[J].世界有色金属(15):75-76.

骆成凤,王长耀,刘永洪,等,2005.利用BP算法进行新疆MODIS数据土地利用分类研究[J].干旱区地理,28(2):259-263.

骆剑承,明冬萍,沈占锋,等,2005.椭球径向基模型及其遥感分类方法研究[J].数据采集与处理,20(1):9-13.

马建文,1997.利用TM数据快速提取含矿蚀变带方法研究[J].遥感学报,1

(3):208-213.

马涛峰,2018.新疆老并地区遥感蚀变信息提取及找矿靶区预测研究[D].焦作:河南理工大学.

潘超,江利明,孙奇石,等,2020.基于 Sentinel-1 雷达影像的成都市地面沉降 InSAR 监测分析[J].大地测量与地球动力学,40(2):198-203.

彭玉魁,张建新,何绪生,等,1998.土壤水分、有机质和总氮含量的近红外光谱分析研究[J].土壤学报(11):553-559.

钱永兰,杨邦杰,雷廷武,2005.用基于 IHS 变换的 SPOT-5 遥感图像融合进行作物识别[J].农业工程学报,21(1):102-105.

任广平,邹志红,孙靖南,2005.因子分析及其在河网水质综合评价中的应用研究[J].环境污染治理技术与设备,6(4):91-94.

邵芸,朱亮璞,崔承禹,1989.航空多光谱遥感识别沉积岩地层岩性的研究[J].环境遥感,4(2):144-156.

申萍,沈远超,2010.西准噶尔与环巴尔喀什斑岩型铜矿床成矿条件及成矿模式对比研究[J].岩石学报,26(8):2299-2316.

沈夏炯,张俊涛,韩道军,2018.基于梯度提升回归树的短时交通流预测模型[J].计算机科学,45(6):222-227+264.

施俊法,唐金荣,周平,等,2011.关于找矿模型的探讨[J].地质通报,30(7):1119-1125.

时文革,2017.新疆滴水陆相砂岩型铜矿成矿规律与成矿预测[D].沈阳:东北大学.

舒锐,2010.卫星目标识别与特征参数提取方法研究[D].哈尔滨:哈尔滨工业大学.

宋国耀,张晓华,肖克炎,等,1999.矿产资源潜力评价的理论和 GIS 技术[J].物探化探计算技术,21(3):200-205.

苏红旗,葛艳,刘冬林,1999.基于 GIS 的证据权重法矿产预测系统(EWM)[J].地质与勘探,35(1):44-46.

宿虎,陈美媛,杨晓辉,等,2020.高分五号卫星高光谱遥感数据地质找矿初步应用:以阿尔金东段柳城子一带为例[J].甘肃地质,29(Z1):47-57.

孙华山,赵鹏大,张寿庭,等,2005.因子分析在成矿多样性定量化研究中的应用:以滇西北富碱斑岩矿产类型成矿多样性分析为例[J].成都理工大学学报

(自然科学版),32(1):82-86.

谭衢霖,邵芸,2003.成像雷达(SAR)遥感地质应用综述[J].地质找矿论丛,18(1):59-65.

汤竞煌,聂智龙,2007.遥感图像的几何校正[J].测绘与空间地理信息,30(2):100-103.

唐发明,王仲东,陈绵云,2005.支持向量机多类分类算法研究[J].控制与决策,20(7):746-750.

唐军武,丁静,田纪伟,等,2005.黄东海二类水体三要素浓度反演的神经网络模型[J].高技术通讯,15(3):83-88.

唐启义,冯明光,2002.实用统计分析及其 DPS 数据处理系统[M].北京:科学出版社.

涂光炽,1989.谈谈陆相火山岩系中寻找金矿的问题[J].地质与勘探(3):29.

涂光炽,1999.初议中亚成矿域[J].地质科学(4):397-404.

王斌,2017.北阿尔金造山型金矿床地质地球化学特征[D].北京:中国地质大学(北京).

王菲,蔺启忠,王钦军,等,2011.应用特征光谱线性反演模型快速提取矿物的光谱预处理研究[J].光谱学与光谱分析,31(5):1366-1370.

王凤,黄志阳,2005.主成分分析法对陕西投资环境的评价[J].生产力研究,3:132-133.

王惠文,1999.偏最小二乘回归方法及其应用[M].北京:国防工业出版社.

王璐,蔺启忠,贾东,2007.多光谱数据定量反演土壤营养元素含量可行性分析[J].环境科学,28(8):2281-8281.

王璐,蔺启忠,贾东,等,2007.基于反射光谱预测土壤重金属元素含量的研究[J].遥感学报,11(6):906-913.

王钦军,2006.高/多光谱遥感目标识别算法及其在岩性目标提取中的应用[D].北京:中国科学院.

王钦军,蔺启忠,2006a.包尔图地区 aster 遥感岩性提取[J].地理与地理信息科学,22(2):9-12.

王钦军,蔺启忠,2006b.一种岩性提取新方法:光谱排序编码法[J].地质与勘探,42(3):91-96.

王钦军,蔺启忠,黎明晓,2009.一种突出构造信息的多光谱遥感变换方法[J].光谱学与光谱分析,29(7):1950-1953.

王钦军,蔺启忠,黎明晓,等,2009.一种突出目标的多光谱遥感信息提取方法:光谱学与光谱分析[J],29(4):1018-1022.

王钦军,魏永明,陈玉,等,2017.低植被覆盖区斑岩铜矿遥感找矿模型及其应用:以环巴尔喀什-西准噶尔成矿带为例[J].地质学报,91(2):400-410.

王瑞军,孙永彬,李名松,等,2017.新疆阿尔金盘龙沟金矿高光谱蚀变矿物找矿标志研究[J].地质找矿论丛,32(2):300-311.

王润生,甘甫平,闫柏琨,等,2010.高光谱矿物填图技术与应用研究[J].国土资源遥感(1):1-13.

王润生,熊盛青,聂洪峰,等,2011.遥感地质勘查技术与应用研究.地质学报,85(11):1699-1743.

王伟,李文渊,高满新,等,2018.塔里木陆块西北缘萨热克砂岩型铜矿床构造-流体演化对成矿的制约[J].地质通报,37(7):1315-1324.

王学平,2008.遥感图像几何校正原理及效果分析[J].计算机应用与软件,25(9):102-105.

王亚军,蔺启忠,王钦军,等,2012.应用区域光谱库及分段滤波方法改进矿物识别精度的研究[J].光谱学与光谱分析,32(8):206-209.

王颖,严勇,2004.遥感影像地形效应校正方法的研究[J].苏州科技学院学报(工程技术版),17(4):60-64.

王郁,杨景元,2002.雷达遥感在澜沧江中下游地区锰矿调查评价中的应用[J].地质找矿论丛(4):271-276.

王跃峰,肖抒,曾涛,2005.西藏湖泊TM影像遥感分析[J].西藏科技(5):23-26.

王志刚,1999.光谱角度填图方法及其在岩性识别中的应用[J].遥感学报,3(1):60-65.

魏冠军,党亚民,章传银,等,2010.GIS的信息量法在澜沧老厂成矿预测中的应用[J].测绘科学,35(6):217-218.

魏仪方,刘春华,1996.中国陆相火山岩型金矿床找矿模型[J].吉林地质(2):16-21.

魏仪方,刘春华,1996.中国陆相火山岩型金矿床找矿模型[J].吉林地质

(2):16-21.

吴德文,2002.遥感图像岩石信息提取的最优密度分割方法[J].国土资源遥感(4):51-59.

吴连喜,王茂新,2003.一种基于IHS变换的改进型图像融合的算法[J].农业工程学报,19(6):163-166.

吴培中,1999.星载高光谱成像光谱仪的特性与应用[J].国土资源遥感(3):31-39+77.

吴义布,司豪佳,赵建国,等,2019.甘肃阿尔金山余石山刚玉矿找矿发现及意义[J].甘肃科技,35(8):21-23.

吴昀昭,2005.南京城郊农业土壤重金属污染的遥感地球化学基础研究[D].南京:南京大学.

吴昀昭,田庆久,季峻峰,等,2003.遥感地球化学研究[J].地球科学进展,18(2):228-235.

武瑞东,2005.卫星遥感影像数据的地形影响校正[J].遥感信息(4):31-35.

夏慧荣,王祖赓,1989.分子光谱学和激光光谱学导论[M].1版.上海:华东师范大学出版社.

肖文交,舒良树,高俊,等,2008.中亚造山带大陆动力学过程与成矿作用[J].新疆地质,26(1):4-8.

谢静静,2022.基于改进梯度提升回归树的铜元素丰度遥感反演方法[D].北京:中国科学院.

熊健州,2017.新疆土屋-延东铜矿矿床成因与成矿期次[J].福建质量管理(17):281.

徐翠玲,钱壮志,梁婷,2006.GIS在矿产资源评价中的应用[J].西安文理学院学报(自然科学版),9(4):104-107.

徐涵秋,2005.基于压缩数据维的城市建筑用地遥感信息提取[J].中国图象图形学报,10(2):223-230.

徐建斌,洪文,吴一戎,2005.基于小波变换和遗传算法的遥感影像匹配方法的研究[J].电子与信息学报,27(2):283-285.

徐瑞松,马跃良,何在成,2003.遥感生物地球化学[M].广东:广东科技出版社.

徐伟,王波,2000.主成分分析方法在多因素经济分析评价中的应用[J].北京邮电大学学报(社会科学版),2(2):34-39.

徐永辉,2001."遥感找矿信息提取技术"在骑天岭锡矿田的应用[J].湖南地质(2):131-134.

徐永明,2005.基于实验室光谱的土壤营养元素反演研究[D].北京:中国科学院.

徐永明,蔺启忠,黄秀华,等,2005.利用可见光/近红外反射光谱估算土壤总氮含量的实验研究[J].地理与地理信息科学,21(1):2-22.

徐永明,蔺启忠,王璐,等,2006.基于高分辨率反射光谱的土壤营养元素估算模型[J].土壤学报,43(5):709-716.

徐哲,2016.中药和毒品的太赫兹光谱分类识别及其实用化研究[D].天津:天津大学.

许凯,秦昆,杜鹢,2009.利用决策级融合进行遥感影像分类[J].武汉大学学报:信息科学版,34(7):826-829.

许明保,2017.基于"三位一体"理论的砂岩型铜矿床地质特征探究[J].西部资源,3:51-52.

许孝万,周晶,杨艳,等,2011.新疆阿尔金盘龙沟金矿区域预测区资源量估算及方法[J].新疆有色金属,增刊2:13-17.

薛峰,2007.基于GIS的成矿预测系统[J].新疆有色金属,30(A01):53-55.

颜蕊,2006.沉积岩区雷达遥感成矿信息提取方法及应用研究[D].青岛:山东科技大学.

杨富全,王义天,李蒙文,等,2005.新疆天山黑色岩系型矿床的地质特征及找矿方向[J].地质通报(5):462-469.

杨富全,闫升好,刘国仁,等,2010.新疆准噶尔斑岩铜矿地质特征及成矿作用[J].矿床地质,29(6):956-971.

杨辉华,覃锋,王义明,等,2009.NIR光谱的Isomap-PLS非线性建模方法[J].光谱学与光谱分析,29(2):322-326.

杨辉华,覃锋,王勇,等,2007.NIR光谱的LLE-PLS非线性建模方法及应用[J].光谱学与光谱分析,27(10):1955-1958.

杨建民,张玉君,陈薇,等,2002.矿产资源调查评价的现代化技术方法:以ETM+蚀变遥感异常为主导的多元信息矿产评价方法.矿床地质(21):1225-1227.

杨凌,刘玉树,2005.基于支持向量机的坦克识别算法[J].影像技术(2):18-22.

杨萍,2007.基于实验室高光谱反射数据的土壤成分含量估算研究[D].南京:南京农业大学.

杨树清,2009.甘肃省化石沟铜矿矿床地质特征[J].甘肃科技,25(17):47-49+38.

杨涛,宫辉力,李小娟,等,2010.成像雷达遥感地质灾害应用[J].自然灾害学报(5):42-48.

杨小雷,2005.基于小波变换的遥感红外图像处理[J].红外月刊(3):11-13.

杨屹,2003.阿尔金大平沟金矿床成矿时代Rb-Sr定年[J].新疆地质,21(3):303-306.

杨垣,梁继民,杨万海,等,2001.基于进化策略和IHS变换的图像融合方法[J].电子学报,29(10):1388-1391.

杨自安,2003.化探与遥感信息在青海两兰地区找矿预测中的应用[J].地质与勘探(6):42-45.

姚玉增,巩恩普,梁俊红,等,2005.R型因子分析在处理混杂原生晕样品中的应用,以河北丰宁银矿为例[J].地质与勘探,41(2):51-55.

尹芳,刘磊,张继荣,等,2014.新疆谢米斯台地区小岩体型矿化遥感探测[J].地球学报(5):561-566.

于飞健,闵顺耕,巨晓棠,等,2002.近红外外谱法分析土壤中的有机质和氮素[J].分析试验室,21(3):49-51.

张彩香,王焰新,张兆年,2005.因子分析法在黄柏河下游水质评价中的应用[J].水资源保护,21(4):11-14.

张洪恩,2004.青藏高原中分辨率亚像元雪填图算法研究[D].北京:中国科学院.

张洪涛,陈仁义,舒思齐,2013.中国大陆斑岩铜矿若干问题[J].矿床地质,32(4):672-684.

张杰林,岑长华,陆书宁,等,2003.砂岩型铀矿光谱特征匹配技术研究[J].铀矿地质,19(2):119-125.

张焜,马世斌,李根军,等,2019.基于国产卫星数据的遥感找矿预测:以青海省柴北缘地区为例[J].遥感信息,34(1):58-68.

张林,庹红娅,刘允才,2004.方向无关遥感影像的纹理分类算法[J].红外与毫米波学报,23(3):189-192.

张涛,刘军,杨可明,等,2015.结合 Gram-Schmidt 变换的高光谱影像谐波分析融合算法[J].测绘学报,44(9):1042-1047.

张兴,张焜,李晓民,等,2015.高分辨率影像在新疆阿尔金山地区地质解译中的应用:以环形山变质侵入体解译为例[J].矿产勘查,6(5):564-570.

张振飞.2003.基于进化策略的 CHC 遗传算法及岩性波谱识别[J].地球科学:中国地质大学学报,28(3):351-355.

张正伟,戴耕,1995.河南省富碱侵入岩与金矿床关系浅析[J].河南地质(3):161-170.

张宗贵,2004.成像光谱岩矿识别方法技术研究和影响因素分析[J].国土资源遥感(4):72-73.

赵东宏,杨合群,于浦生,2002.甘肃桦树沟蚀变岩型铜矿床的地质特征及成矿作用讨论[J].西北地质(3):76-83.

赵佳琪,2020.甘肃花牛山矿集区高光谱蚀变矿物分析及找矿预测[D].北京:中国地质大学(北京).

赵鹏大,陈永清,金友渔,2000.基于地质异常"5P"找矿地段的定量圈定与评价[J].地质论评,46(Z1):6-16.

赵英时,2003.遥感分析应用原理与方法[M].1版.北京:科学出版社.

赵珍梅,李祥强,雷华,等,2007.雷达与多光谱图像融合技术在矿产勘查中的应用研究[J].地质与勘探(2):82-87.

郑伟,曾志远,2004.遥感图像大气校正方法综述[J].遥感信息(4):66-70.

郑勇涛,刘玉树,2005.一种基于支持向量机的空间数据分类方法[J].微机发展,15(7):76-78.

郑宇杰,杨静宇,吴小俊,等,2005.基于独立成分分析和模糊支持向量机的人脸识别方法[J].系统仿真学报,17(7):1768-1770.

种绍龙,2020.基于 PLS 模型的高光谱遥感地质岩性成分反演分析[J].矿山测量,48(6):65-68.

周波,2012.基于特征级多源遥感图像融合研究[D].成都:成都理工大学.

周家晶,赵英俊,2020.基于光谱色度差异增强岩性信息的方法研究[J].世界核地质科学,37(3):206-214.

周萍,2006.高光谱土壤成分信息的量化反演[D].武汉:中国地质大学(武汉).

周生路,傅重林,王铁成,等,2000.土地利用地域分区方法研究[J].土壤(1):6-10.

周永贵,2013.阿尔金山北缘喀腊大湾地区遥感异常信息提取及找矿靶区预测[D].北京:中国地质科学院.

朱明永,李炳谦,付翰泽,等,2020.基于多源数据协同的SVM岩性分类研究:以江尕勒萨依地区为例[J].铀矿地质,36(4):288-292+317.

朱小娟,普智晓,2005.星湖水环境化学特征的主因子分析[J].海洋湖沼通报(1):6-10.

朱永峰,何国琦,安芳,2007.中亚成矿域核心地区地质演化与成矿规律[J].地质通报,26(9):1167-1177.

庄家礼,陈良富,徐希孺,2001.用遗传算法反演连续植被的组分温度[J].遥感学报,5(1):1-7.

邹海俊,韩润生,胡彬,等,2004.云南昭通毛坪铅锌矿床成矿物质来源的新证据:NE向断裂构造岩微量元素R型因子分析结果[J].地质与勘探,40(5):43-48.

ADAMS J B,SMITH M O,JOHNSON P E,1986. Spectral mixtrue modeling:A new analysis of rock and soil type at the Viking lander 1 site[J]. Journal of Geophysical Research:Solid Earth,91(B8):8098-8112.

AGTERBERG F,2011. A modified weights-of-evidence method for regional mineral resource estimation[J]. Natural Resources Research,20(2):95-101.

GREEN A,BERMAN M,SWITZERP, et al. ,1988. A Transformation for ordering multispectral data in terms of image quality with implications for noise removal[J]. IEEE Transactions on Geoscience and Remote Sensing,26(1):65-74

BAUGH W M,KRUSE F A,ATKINSON W W,1998. Quantitative geochemical mapping of ammonium minerals in the Southern Cedar Mountains,Nevada,using the airborne visible/infrared imaging spectrometer (AVIRIS)[J]. Remote Sensing of Environment(65):292-308.

BEN-DOR E,2000. Quantitative remote sensing of soil properties[J]. Advances in Agronomy(75):173-243.

BEN-DOR E,BANIN A,1994. Visible and near infrared (0.4~1.1) analysis of arid and semi arid soils[J]. Remote Sensing of Environment(48):261-274.

BEN-DOR E,BANIN A,1995. Near-infrared analysis as a rapid method to simultaneously evaluate several soil properties[J]. Soil Science Society of America(59):364-372.

BONHAM-GARTER G F,AGTERBERG F P,WRIGHT D F,1989. Integration of geological datasets for gold exploration in Nova Scotia[J]. Digital Geologic and Geographic Information Systems,54(10):1585-1592.

BROEN M,LEWIS H G,GUNN S R,1999. Support vector machines for optimal classification and spectral unmixing[J]. Ecological Modelling,120(2-3):167-179.

BROWN W M,GEDEON T,GROVES D,et al.,2000. Artificial neural networks:A new method for mineral prospectivity mapping[J]. Australian Journal of Earth Sciences,47(4):757-770.

BURNET F M,1970. The concept of immunological surveillance[J]. Progress in experimental Tumor Research,13:1-27.

CARRANZA E J M,2004. Weights of evidence modeling of mineral potential:A case study using small number of prospects,Abra,Philippines[J]. Natural Resources Research,13(3):173-187.

CHABRILLAT S,GOETZ A F H,KROSLEY L,et al.,2002. Use of hyperspectral images in the identification and mapping of expansive clay soils and the role of spatial resolution[J]. Remote Sensing of Environment(82):431-445.

CHEIN-I C,2001. Real-time processing algorithms for target detection and classification in hyperspectral imagery[J]. IEEE Transactions on Geoscience and Remote Sensing,39(4):760-768.

CHENG Q M,Agterberg F,1999. Fuzzy weights of evidence method and its application in mineral potential mapping[J]. Natural Resources Research,8(1):27-35.

CHODAK M,LUDWIG B,KHANNA P,et al.,2002. Use of near infrared spectroscopy to determine biological and chemical characteristics of organic layers under spruce and beech stands[J]. Journal of Plant Nutrition and Soil Science(165):27-33.

CLARKA M L,ROBERTSA D A,CLARKB D B,2005. Hyperspectral discrimination of tropical rain forest tree species at leaf to crown scales[J]. Remote Sensing of Environment(96):375-398.

CONGHE S T,2005. Spectral mixture analysis for subpixel vegetation fractions in the urban environment:how to incorporate endmember variability[J]. Remote Sensing of Environment(95):248-263.

DEMETRIADES-SHAH T H,STEVEN M D,CLARK J A,1990. High resolution derivative spectra in remote sensing [J]. Remote Sensing of Environment,33:55-64

GUO B Z,DAN G B,2002. Classification Using ASTER Data and SVM Algorithms:The case study of Beer Sheva,Israel[J]. Remote Sensing of Environment,80:233-240.

HUGUENIN R L,JONES J L ,1986. Intelligent information extraction from reflectance spectra:Absorption band positions[J]. Journal of Geophyslcal Research,91:9585-9598.

MATTHEW L C,DAR A R,DAVID B C,2005. Hyperspectral discrimination of tropical rain forest tree species at leaf to crown scales[J]. Remote Sensing of Environment,96:375-398.

TSAI E,PHIPOT W ,1998. Derivative analysis of hyperspectral data[J]. Remote Sensing of Environment,66:41-51.

WYBORN N,KING J,WANG C,et al. ,1995. Defining lethal mutations of the hras1 minisatellite [J]. American Journal of Human Genetics, 57 (4), 434-434.